PHYSICS

하루 한 권, 일상 속 물리학

하라 야스오 · 우콘 슈지 지음   박제이 옮김

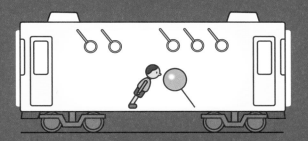

호기심이 많은 이들을 위한 과학적 의문 70가지

하라 야스오

1934년 일본 가나가와현 출생. 1957년 도쿄대학 이학부 물리학과 졸업. 1962년 도쿄대학대학원 수료. 1962년 도쿄교육대학 이학부 조교. 1966년 도쿄교육대학 이학부 조교수. 1975년 쓰쿠바대학 물리학계 교수. 1997년 데이쿄헤이세이대학 교수. 2004년 공학원대학 엑스텐션센터 객원교수. 그동안 캘리포니아공과대학 연구원, 시카고대학 연구원, 프린스턴 고급연구소 연구원. 저서로 『基礎物理学 기초물리학』, 『物理学入門 물리학 입문』, 『基礎からの物理学 기초부터 배우는 물리학』, 『数学といっしょに学ぶ力学 수학과 함께 배우는 역학』〈学術図書出版社〉 등 다수.

우콘 슈지

1952년 일본 가나가와현 출생. 아오야마가쿠인대학 대학원 석사과정 수료. 이학박사. 가나가와현립 쇼난고등학교 교사, 일본 물리교육학회 이사로 부임한 바 있다. 『実験で楽しむ物理〈1〉「ひとりでに回る生卵」 실험으로 즐기는 물리〈1〉 혼자서 돌아가는 날달걀』, 『実験で楽しむ物理〈2〉「歌うワイングラス」 실험으로 즐기는 물리〈2〉 노래하는 포도주잔』〈丸善〉, 『物理学演習問題集 力学編 물리학 연습문제집 역학 편』, 『見て体験して物理がわかる実験ガイド 보고 체험하며 물리학을 알아가는 실험 가이드』〈学術図書出版社〉 등을 공동 번역, 공동 저술.

들어가며

'하루 한 권, 일상 속 물리학'이라는 제목을 내건 이 책의 목표는 일상생활에서 볼 수 있는 현상이나 일상생활에서 품는 의문을 물리의 시점에서 설명하는 것입니다.

의문으로는 '머리를 감고 난 직후에 드라이어로 바람을 쐬면 금방 마르는 이유는?', '더운 여름날 길에 물을 뿌리면 시원해지는 이유는?', '세계 회전하는 선풍기 날개에 먼지가 붙는 이유는?', '공기보다 밀도가 큰 비행기가 나는 이유는?', '비행기가 이착륙할 때 귀가 아픈 이유는?', '야구에서 변화구의 방향이 바뀌는 이유는?', '도쿄 스카이트리의 전망대에 올라가면 어디까지 보일까?', 'TV의 아날로그 방송과 디지털 방송 안테나의 차이는?' 등 다양한 것이 떠오릅니다.

이 책에서는 일상생활에서의 경험을 통해 약 70개의 의문을 발견하고 물리의 입장에서 설명해 봤습니다. 의문에 대한 설명을 읽고 독자 여러분이 물리적 시각과 사고에 친숙해지고 이해하는 즐거움을 경험하기를 바랍니다.

이 책은 물리 교과서는 아니지만 끝까지 읽으면 물리란 어떤 것인지 파악할 수 있게 하는 것도 목표로 삼고 있습니다. 따라서 약 70개의 항목을 물리의 입장에서

일상 속 물리학-열에 관한 의문

일상 속 물리학-빛과 소리에 관한 의문

일상 속 물리학-힘과 운동에 관한 의문

일상 속 물리학-물과 공기에 관한 의문

일상 속 물리학-전기와 자기에 관한 의문

이렇게 5장으로 정리했습니다.

하지만 아무 꼭지나 골라 읽어도 즐길 수 있게 집필했습니다.

각 장의 이름을 보고 원자와 분자가 없다는 사실에 의문을 품은 독자가 있을지도 모르겠습니다. 이 의문에 대해 답하겠습니다.

갈릴레오와 뉴턴이 창시한 근대적인 물리학은 눈에 보이거나 손으로 만질 수 있는 현상의 법칙을 탐구하는 것에서 시작했습니다. 눈으로 볼 수 있는 돌의 낙하 운동, 천체의 운행, 손으로 느끼는 열, 눈에 보이는 빛, 귀로 들리는 소리, 따끔하고 느끼는 마찰전기, 철 조각을 끌어당기는 자석의 작용 등의 연구에서 물리학이 시작된 것입니다. 즉 물리학은 일상 속 물리학 연구에서 시작되었다고 할 수 있습니다.

그러나 물리학 연구의 발전으로 일상생활에서 경험하는 열 현상, 전자기 현상, 물질의 성질 등의 눈에 보이고 손으로 만질 수 있는 세계의 법칙을 진정으로 이해하기 위해서는 원자의 세계라는 직접 눈에는 보이지 않고 손으로도 만질 수 없는 작은 세계를 알아야 한다는 사실이 드러났습니다.

따라서 일상 물리의 설명에도 눈에 보이지 않는 원자와 분자의 존재는 필수적입니다. 가령 물을 뿌리면 시원해지는 이유를 이해하기 위해서는 눈에 보이지 않는 분자 세계를 이해해야 합니다. 이런 일상생활에서 경험하는 물리 현상을 설명할 때 눈에는 직접 보이지 않는 원자나 분자, 전기장이나 자기장 등이 등장합니다. 그러나 이 책은 물리 교과서가 아니므로 분자와 원자, 전기장과 자기장이 나와도 어떤 느낌인지만 안다면 그걸로 충분합니다.

갈릴레오는 자연이라는 책은 수학이라는 언어로 쓰여 있다고 말했다지만, 이 책에서는 수식을 쓰지 않으려고 애썼습니다. 어쩔 수 없을 때는 문장으로 식을 썼습니다.

이과에 관심이 있는 중학생, 고등학생, 사회인을 비롯해 많은 분이 이 책을 가볍게 읽고 물리를 즐김으로써 물리 팬이 늘어나기를 기대합니다.

이 책의 집필에는 많은 분이 귀중한 가르침과 유익한 조언을 해 주셨습니다. 진심으로 감사드립니다.

하라 야스오 · 우콘 슈지

● 일러두기

본 도서는 2011년 일본에서 출간된 하라 야스오 · 우콘 슈지의 「日常の疑問を物理で解き明かす」를 번역해 출간한 도서입니다. 내용 중 일부 한국 상황에 맞지 않는 것은 최대한 바꾸어 옮겼으나, 불가피한 경우 일본의 예시를 그대로 사용했습니다.

목차

1장 일상 속 물리학―열에 관한 의문

2장 일상 속 물리학―빛과 소리에 관한 의문

(((3장))) 일상 속 물리학―힘과 운동에 관한 의문

(((4장))) 일상 속 물리학―물과 공기에 관한 의문

5장 일상 속 물리학—전기와 자기에 관한 의문

일상 속 물리학-
열에 관한 의문

어느 날 문득 '그러고 보니 왜지?' 싶을 때가 있다. 드라이어로 머리카락을 말릴 때, 하늘에 뜬 구름을 쳐다보고 있을 때, 고무줄을 쓸 때 등 1장에서는 열에 관한 물리 현상이 작용하는 일상의 다양한 의문에 관해 답하려 한다.

젖은 머리카락에 드라이어로 바람을 쐬면 금방 마르는 이유

젖은 머리카락이 마르는 것은 당연히 머리카락의 표면에 붙어 있던 물이 증발하기 때문이다. 거기에 드라이어로 바람을 쐬면 확실히 빨리 마른다. 왜일까? 또, 마르고 마르지 않고는 그때의 기후에 따라 좌우된다. 화창하게 갠 날에는 빨래가 잘 마르지만, 장마철의 습한 실내에서는 좀처럼 마르지 않는다. 이들 조건은 물의 증발 메커니즘과 어떤 관계가 있을까?

◆기액평형 상태

컵에 물을 따르고 뚜껑을 덮어 밀봉된 상태를 생각해 보자. 에너지가 큰 활발한 물 분자가 수면 가까이에 오면 분자 간의 힘이 발휘되어 차례차례 공기 중으로 날아간다. 이는 컵이 밀폐 상태이건 아니건 상관이 없다(그림 1a). 그 결과, 밀폐된 컵 안에 있는 공기 중 물 분자의 수는 점차 증가한다. 공기 중의 물 분자는 기체 상태(수증기)이므로 사방팔방으로 자유롭게 날 아다닌다. 날아다니는 동안 운 나쁘게 다시 수면으로 들어가는 분자도 있을 것이다. 일정 기간 안에 공기 중에서 수면으로 들어가는 물 분자의 수는 당연하지만, 그때 공기 중에 날아다니던 물 분자의 수에 비례한다(그림 1b). 공기 중에 물 분자가 많으면 많을수록 수면으로 들어가는 물 분자는 많아진다.

공기 중에서 들어오는 물 분자보다 날아가는 물 분자 수가 많을 때는 공기 중의 물 분자 수는 계속 늘어난다. 따라서 수면으로 들어오는 물 분자 수도 점차 많아진다. 그중 일정 시간 안에 수면으로 들어오는 물 분자 수가 날아가는 물 분자 수를 따라잡으면 이윽고 같아지는 상태가 된다(그림 1c). 이렇게 되면 그 후 아무리 시간이 지나도 액체 상태에 있는 물 분자의 수도, 기체 상태에 있는 물 분자의 수도 변하지 않는다. 그러나 그동안 무수한 분

그림 1 기액평형 상태란? ①

a	b	c

컵에 뚜껑을 덮어도 수면에서는 여전히 활발하게 물 분자가 계속 나옴

공기 중에 물 분자가 가득 차면 공기 중에서 수면으로 떨어지는 물 분자의 수가 증가

이윽고 일정 기간 내에 공기 중에서 수면으로 떨어지는 물 분자의 수와 같은 기액평형 상태가 됨. 이후 공기 중의 물 분자 수는 변하지 않음

자가 끊임없이 수면에서 나오고 들어가기를 반복한다. 이 상태는 기체와 액체의 평형 상태이므로 기액평형 상태라고 부른다(그림 2). 공기 중에는 이이상 물 분자는 늘어나지 않으므로 포화 상태다. 이때의 수증기에 의한 압력이 포화증기압이다.

◆마르는 조건

머리카락 표면에서 나온 물 분자는 머리카락 주변을 날아다니고 있을 것이다. 그중에는 다시 머리카락에 붙는 물 분자도 당연히 있다. 머리카락에서 나오는 물 분자와 다시 들어가는 물 분자, 그 차이만큼 머리카락이 마르는 계산이다. 이때 헤어드라이어로 바람을 쐰다. 그러면 일단 날아간 물 분자를 포함한 습한 공기는 멀리 가 버리기 때문에 다시 머리카락에 부착되는 물 분자 수가 급감한다. 그 결과 머리카락이 빨리 마르는 것이다(그림 3). 물론 뜨거운 바람을 쐬면 일정 시간에 머리카락에서 나온 물 분자 수가 더욱 증가하므로 더 빨리 마르지만, 뜨거운 바람이 아니더라도 효과는 크다.

그림 2 기액평형 상태 ②

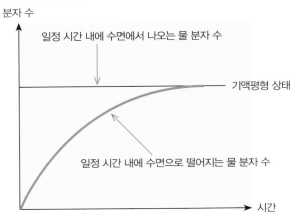

분자 수

일정 시간 내에 수면에서 나오는 물 분자 수

기액평형 상태

일정 시간 내에 수면으로 떨어지는 물 분자 수

시간

그림 3 머리카락이 마르는 이유

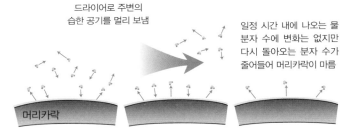

드라이어로 주변의
습한 공기를 멀리 보냄

일정 시간 내에 나오는 물
분자 수에 변화는 없지만
다시 돌아오는 분자 수가
줄어들어 머리카락이 마름

머리카락

　습한 실내에서 빨래가 좀처럼 마르지 않는 이유도 명백하다. 아무리 물 분자가 공기 중으로 나가더라도 주변의 습한 공기 중에서 나와 빨래에 붙는 물 분자가 많으면 좀처럼 마르지 않는다. 만약 기액평형 상태라면 아무리 기다려도 마르지 않는다. 그러면 창문을 열어서 습한 공기를 밖으로 내보내거나 공기 중 수증기를 제거하는 수밖에 방법은 없다(그림 4).

그림 4 빨래가 마르는 이유

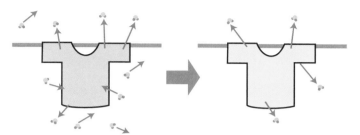

주위에 있는 습한 공기를 제거하면
다시 돌아오는 분자 수가 줄어들어
빨래가 마름

눈사람에 스웨터 입히기

눈사람을 두 개 만들고 한쪽에만 스웨터를 입힌다. 어떤 눈사람이 먼저 녹을까(그림 1)? 스웨터를 입혀서 따뜻하게 만든 눈사람이 당연히 먼저 녹지 않겠느냐고 생각하는 사람도 많을 것이다.

스웨터 등 의류의 역할은 보온이다. 의류는 열을 전달하기 어려운 재질이므로 신체에서 열이 밖으로 빠져나가는 것을 막는 작용을 한다. 눈사람의 옷은 외부로부터 들어오는 열의 진입을 막는다.

그림 1 스웨터를 입은 눈사람과 입지 않은 눈사람 중
먼저 녹는 것은 어느 쪽일까?

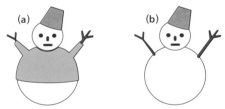

◆열전도

고온 물체와 저온 물체 사이에 물체를 끼우면 고온 물체에서 저온 물체로 열이 전달된다. 이는 **열전도**이다. 같은 시간에 전달되는 열은 열을 전달하는 물체의 양 끝 온도 차 $T_1 - T_2$와 단면적 S에 비례하고, 길이 L에 반비례한다(그림 2). 열이 얼마나 잘 전달되는지를 나타내는 비례상수 k는 물체의 재질로 결정되며, **열전도율**이라고 불린다. 표에 몇 가지 물질의 열전도율을 소개했는데, 공기의 열전도율이 매우 낮음을 알 수 있다. 그 이유는 분자 간 거리가 고체나 액체와 비교해 매우 크기 때문이다.

그림 2 열전도란?

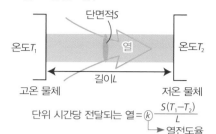

표 1 열전도율

물질	$k[\text{W/m} \cdot \text{K}]$
구리	401
알루미늄	235
유리(소다)	0.55~0.75
물(80℃)	0.673
공기(건조)	0.026

단위 시간당 전달되는 열 $= k \dfrac{S(T_1 - T_2)}{L}$

열전도율

◆옷은 공기의 그릇

옷은 그 속에 공기를 포함하기에 열전도율이 낮기에 단열 효과를 발휘한다. 그렇다면, 알몸으로 공기 중에 있으면 따뜻하다는 소리냐는 질문이 날아올 것 같다. 아무리 열전도율이 낮아도 피부에 닿는 공기에 유동성이 있기에 대류에 의해 열을 빼앗긴다. 피부에 직접 닿는 공기가 쉬지 않고 바뀌기 때문에 열은 피부에서 효율적으로 빠져나간다. 바람이 불면 그 효과는 더욱 강해진다. 또한 피부는 열방사에 의해서도 열을 잃는다. 옷은 이것을 막는 작용도 한다(그림 3).

그림 3 옷의 효과

공기에 직접 접하면
방사나 대류에 의해
급속히 열을 빼앗김

◆단열재

건물이나 냉장고 등에서는 열전도를 방해하기 위해 단열재가 사용된다. 기체는 밀도가 작기에 열전도율은 낮지만, 대류에 의해 열을 전달한다. 따라서 공기에 대류가 일어나지 않게 하려고 고체에 공기를 넣은 섬유나 발포 계열의 단열재가 사용된다.

03 | 물을 뿌리면 시원해지는 이유

길이나 정원에 물을 뿌리는 것은 더위를 누그러뜨리려는 선조의 지혜다. 물을 뿌리면 더위가 누그러지는 이유는 물이 증발할 때 증발열을 빼앗기 때문이다. 그렇다면 물이 증발할 때 왜 열을 빼앗기는 것일까?

◆비등과 증발의 차이

1기압에서는 물(액체 상태인 물 H_2O)가 100℃에 달하면 비등해서, 수증기(기체 상태인 물 H_2O)가 된다. 그러나 100℃가 되지 않아도 물의 표면에서는 끊임없이 물이 증발해 수증기가 된다. 증발이라는 것은 물의 표면에서 공기 중에 물 분자가 잇달아 날아가는 현상이다(그림 1).

그림 1 증발이란?

수면 부근에 있는 운동에너지가 큰 분자는 분자 간 결합을 떼어내고 공기 중으로 날아감. 이것이 증발

한편 비등은 물속에서 물이 수증기로 바뀌어 그곳에 기포가 출현하는 현상이다. 끓는 물이 끓었을 때 나타나는 무수한 기포는 공기도, 산소도, 수소도 아니다. 수증기(기체 상태인 물 H_2O)다. 주변에서 받는 수압을 이겨내고 기포를 유지하기 위해서는 그 속을 날아다니는 물 분자에 의한 압력, 즉 포화증기압이 대기압보다 높아야 한다. 대기압이 1기압이라면, 물 증기의 포화증기압이 1기압 이상이 되면 물속에 기포를 만들 수 있다. 이때 온도가 100℃이며, 이것이 끓는점이다(그림 2, 그림 3).

그림 2 비등이란? ①

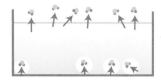

온도가 더 상승하면 물속에서 증발할 수 있게 됨. 이때 온도가 끓는점

그림 3 비등이란? ②

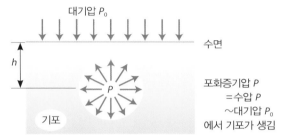

대기압 P_0

수면

h

포화증기압 P
=수압 P
~대기압 P_0
에서 기포가 생김

기포

주전자나 냄비에서 수면으로부터의 깊이에 의한 압력 차이 정도는 대기압과 비교할 때 무시할 수 있으므로, $P = P_0$를 기포가 생기는 조건으로 삼아도 됨

◆증발열

물(액체 상태인 물 H_2O)을 구성하는 물 분자는 주변에 분자와 힘을 주고받으며 돌아다닌다. 우연히 표면 근처에 있던 물 분자는 아래쪽에 있는 다른 물 분자로부터 받는 분자 간 힘에 의해 액체 상태의 물로 연결되어 있다. 이 물 분자를 물에서 떨어뜨리려면 분자에 일정 이상의 힘을 가해 당겨야 한다. 즉 분자에 작용해야 한다(그림 4). 액체 상태의 물 분자는 움직이고 있기에, 우연히 활발한 물 분자가 표면 근처에 오면 스스로 이 속박에서 벗어날 수 있다. 이것이 증발이다.

활발한 물 분자가 표면에서 공기 중으로 튀어나올 때, 속박을 떨쳐내기 위한 작업으로 에너지를 잃게 되므로 물의 온도가 낮아지고, 그 결과로 물은 주위에서 열을 빼앗는다. 이것이 증발열이다. 즉, 물 분자의 분자 간 힘에 의한 결합을 떼어내는 데 필요한 열이 증발열이며, 물 100g당 226kJ이다. 온도는 변하지 않는다, 100g의 물의 상태가 액체에서 수증기로 변할 때, 물이 주변으로부터 빼앗은 226kJ의 열은 1,000g의 물의 온도를 54도 상승시키는데 필요한 열에 해당한다.

그림 4 분자를 떨어뜨리려면 작용이 필요

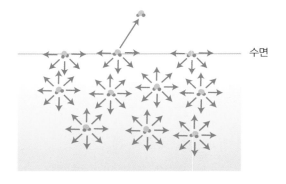

수면

북쪽 나라 연못에 사는 금붕어가 겨울을 날 수 있는 이유

요새는 큰 공원이 아닌 이상 연못을 보기 힘들어졌다. 근처 연못에서 뗏목을 타고 놀거나 개구리를 잡으며 논 경험이 있는 사람은 이미 쉰은 넘기지 않았을까?

기온이 내려가 0℃를 지나 그 상태로 장기간 시간이 흐르면 연못은 언다. 하지만 물속에는 특수한 사정이 있기에 연못이 어는 방식이 조금 재미있다.

그림 1은 물의 밀도와 온도의 관계를 그래프로 나타낸 것이다. 그래프를 보면 알 수 있듯이, 물의 밀도는 4.0℃일 때 최대가 된다. 이는 저온에서는 물 분자는 수소 결합이라 불리는 간격이 많은 배열 상태를 띠기 때문이다 (그림 2). 수온이 4.0℃보다 높을 때는 온도가 낮을수록 밀도가 커지기 때문에 차가운 물은 가라앉고 따뜻한 물은 상승하는 대류가 발생한다. 그 결과 연못의 표면이 가장 따뜻하며, 연못 바닥이 가장 차가워진다. 목욕물을 받는 상황도 이것에 해당한다.

그림 1 물의 밀도에 대한 온도 변화

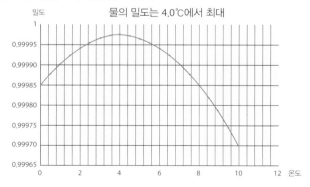

그림 2 물 분자의 수소 결합

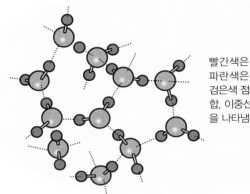

빨간색은 산소 원자, 파란색은 수소 원자, 검은색 점선은 수소 결합, 이중선은 공유결합을 나타냄

　기온이 떨어져서 0℃ 이하가 되었다고 치자. 연못 물의 온도는 모든 부분에서 4.0℃ 이상이라면 언제나 가장 따뜻한 물이 수면에 있다. 이것이 대기와 만나 차가워지고, 차가워지면 밀도가 커지기에 가라앉는다. 그러면 수면에 다시 따뜻한 물이 나타나서 차가워지고는 다시 가라앉는다. 이것을 계속 반복한다. 이러한 대류가 연못 전체의 온도가 4.0℃가 될 때까지 이어진다.

　이윽고 수면의 온도가 4.0℃가 되어 가라앉지 않는 때가 반드시 온다. 그것은 연못의 모든 부분의 온도가 4.0℃가 되었을 때다. 대기의 온도는 0℃ 이하이므로 수면의 온도는 4.0℃ 이하로 또 떨어진다. 그러나 이번에는 밀도가 감소하므로 가라앉지 않는다. 즉 대류가 발생하지 않는 것이다. 물의 온도는 수면이 최저온도가 되고, 아래로 갈수록 따뜻해진다. 이때 아래에서 위로 열을 전달하는 기구는 대류가 아닌 열전도다. 그러나 물의 열전도율은 '눈사람에 스웨터를 입히면 어떻게 될까?'에서 봤듯, 지극히 작다. 즉 4.0℃가 되어 버린 물은 좀처럼 차가워지지 않는 것이다. 수면이 겨우 0℃가 되어 얼 무렵에는 연못 내부의 물 온도는 **그림 3**과 같은 분포를 보일 것이다.

그림 3 연못의 표면이 얼었을 때의 온도 분포

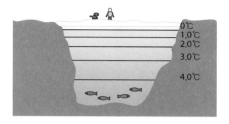

물이 얼어서 얼음이 되면 열전도율은 더욱 낮아지기 때문에 연못 바닥의 수온 4.0℃는 겨울 한철 정도라면 충분히 유지될 것이다. 이것이 북국의 연못에 사는 금붕어가 겨울을 날 수 있는 이유다.

그림 4처럼 시험관에 물을 넣고 얼음을 띄운 상태로 잠시 방치한 후에 각 부분의 수온을 전자 온도계로 측정하면, 분명 그림 3과 같은 온도 분포가 되는 것을 확인할 수 있다.

그림 4 시험관에 얼음을 띄우고 온도 분포 확인

05

구름이 생기는 이유

눈을 만드는 것은 간단하다. 빈 탄산음료 페트병 속 공기를 공기 펌프(피즈 키퍼라는 상품명으로 판매중)로 압축한다. 사진(그림 1)처럼 작은 것을 이용하면 고무로 된 펌프 10개 정도를 손으로 짜는 것으로 충분하다. 뚜껑을 열면 병 안이 순식간에 희뿌옇게 변한다. 병 속에 구름이 생겼기 때문이다. 대체 무슨 일이 일어난 걸까? 병이 차가워지는 것에도 주목하자. 이 현상을 이해하기 위해서는 약간의 준비가 필요하다.

그림 1 구름 만드는 방법

페트병 속 공기를 피즈 키퍼로 충분히 압축한 상태(a)
에서 갑자기 뚜껑을 열면 병 속이 희뿌옇게 변화(b).
안에 구름이 생겼기 때문

◆열역학 제1 법칙

물체 안에서 분자와 원자는 난잡하게 열운동을 한다. 이 열운동은 물체의 온도가 높을수록 격렬하다. 물리학에서는 물체를 구성하는 분자와 원자가 만들어내는 열운동 에너지를 내부에너지라고 부른다. 물체에 열을 가하거나 물체에 어떤 작용을 가하면, 물체 속 분자와 원자의 열운동 에너지가 증가하므로 물체의 내부에너지는 증가하고 온도가 상승한다. 반대로 물체에서 열이 유출되거나, 물체가 작용하면 물체 안의 분자와 원자의 열운동 에너지가 감소하므로 물체의 내부에너지는 감소하고 온도가 낮아진다.

　물체로서, 실린더에 피스톤으로 뚜껑을 닫고 실린더 내부에 갇힌 기체를 상정해 보자. 이 기체를 외부에서 가열해도(그림 2a), 피스톤을 누르는 작용을 가해도(그림 2b) 기체의 내부에너지는 증가한다. 심지어 내부에너지의 증가율 ΔU는 그때 가한 열 Q와 작용 W의 합과 같다. 즉

내부에너지의 증가량=가한 열+가한 작용

이다. 기호를 사용한 식으로 표현하면,

$$\Delta U = Q + W$$

이 된다. 이 식은 열이 출입할 때의 에너지 보존 법칙으로, 물리학과 화학에서는 **열역학 제1 법칙**이라 불린다.

그림 2　열역학 제1 법칙

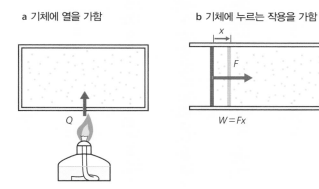

a 기체에 열을 가함

Q

b 기체에 누르는 작용을 가함

x

F

$W = Fx$

내부에너지는 그 물체가 축적한 은행 적금이고, 가하는 열이나 작용은 맡긴 돈이라고 생각하면 쉽다. 열이나 작용을 가하면 물체에 무언가가 쌓이는데 그 쌓인 것을 내부에너지라고 부른다고 생각하면 된다. 물체의 내부에너지가 클수록 온도가 높아진다.

반대로 기체가 팽창해 외부에 작용하거나, 기체에서 열을 빼앗을 때는 W와 Q는 마이너스의 양이라고 생각하면 된다. ΔU는 마이너스가 되고 기체의 내부에너지는 감소해 온도가 내려간다.

◆단열팽창과 단열압축

실린더를 단열재로 감싸고 열이 이동하지 못하도록 한 뒤 내부의 기체를 팽창시킨다. 혹은 외부로부터 열이 유입되지 않을 정도의 속도로 급속히 팽창시킨다. 이것을 **단열팽창**이라고 한다. 두 경우 모두 기체의 작용 만큼만 내부에너지가 감소한다($\Delta U = -W$)(그림 3). 즉 기체가 단열팽창 하면 온도가 내려간다.

반대로 외부와 열의 이동이 일어나지 못하게 한 상태에서 기체를 압축하는 것을 **단열압축**이라고 한다. 이 경우 기체가 받은 작용만큼 내부에너지가 증가한다($\Delta U = W$). 즉 기체가 단열압축 되면 온도가 올라간다.

그림 3 단열변화…외부와 열의 이동이 없는 변화

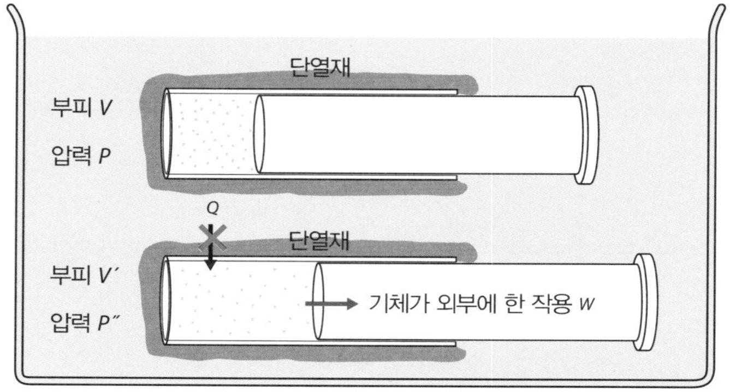

부피 V
압력 P

단열재

Q

부피 V'
압력 P''

단열재

기체가 외부에 한 작용 w

단열팽창에서는 온도가 내려가므로 등온 변화의 경우와 같은 만큼의 부피가 늘었다면 더욱 압력이 많이 내려간다(그림 4). 가령 1기압의 공기가 단열팽창 해서 부피가 2배가 된다면 압력은 0.38배가 되며, 절대온도는 0.76배가 된다. 공기의 온도가 27℃, 즉 300K라면 227K, 즉 영하 46℃가 된다.

기체의 단열압축에 의한 온도 상승은 자전거의 타이어에 공기를 넣을 때 펌프의 원통이 뜨거워지는 것으로 확인할 수 있다.

그림 4 단열변화와 등온 변화

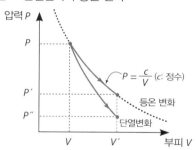

◆구름의 생성

앞서 페트병 안에서 일어난 것은 이 단열변화다. 갑자기 뚜껑을 열면 기체는 순식간에 팽창하고 내부에너지가 감소해 온도가 낮아진 것이다. 따라서 기체 속에 녹아 있을 수 있는 수증기의 양이 감소해 나머지가 물방울이 되어 나타난다. 이것이 구름이다. 자연계에서는 습기를 포함한 공기 덩어리가 상승하면 대기압이 감소하기 때문에 팽창한다. 이때 공기 덩어리 온도가 급격히 내려가서 구름이 생성되는 것이다(그림 5).

가령 여름의 일사에 의해 달궈진 지상에서 습기를 포함한 공기가 가열되면 팽창해서 밀도가 낮아져 상승기류가 발생한다. 상공은 압력이 낮으므로 공기는 단열팽창 해서 온도가 내려간다. 이때 공기 중의 수증기가 응결해 얼음 입자가 된다. 이것이 적란운이다.

그림 5 구름의 생성

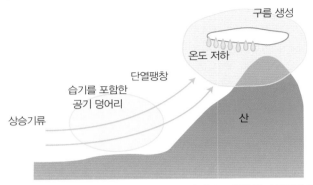

상공으로 갈수록 대기압이 내려가므로 습기를 포함한 공기 덩어리의 부피가 단열변화로 급격하게 팽창. 그러면 공기 덩어리 온도가 급격하게 내려가서 수증기가 물방울로 응축되어 구름이 생성

06

고무줄이 늘어나는 이유

'고무줄이니까 당연히 늘어나지'라는 소리를 들을 것 같다. 그렇다면 이런 실험은 어떨까. 고무줄을 묶어서 추를 단다(그림 1a). 그 상태에서 고무줄에 뜨거운 물을 부으면 고무줄이 수축해 추를 들어 올린다(그림 1b). 온도가 올라가면 팽창한다는 것은 이해가 간다. 그런데 왜 수축하는 것일까? 실은 이 현상은 고무줄이 늘어나는 원리와 깊이 연관되어 있다.

그림 1　고무줄의 신축성

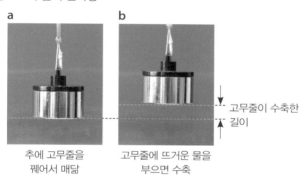

a

b

고무줄이 수축한 길이

추에 고무줄을
꿰어서 매닮

고무줄에 뜨거운 물을
부으면 수축

우리 주변의 물체는 원자의 집합체다. 그림 2는 고체, 액체, 기체 상태를 모식도로 표현한 것이다. 고체는 입자(원자와 분자)가 입자 사이에 작용하는 힘으로 결합한 상태, 액체는 입자 간 결합이 어느 정도 보장된 상태, 기체는 입자가 자유롭게 돌아다니는 상태다. 여기에 열을 가하면 입자의 움직임이 더욱 활발해지고 입자 간 평균 거리가 늘어난다. 이것이 팽창이다.

한편, 천연고무의 주성분은 유기화합물인 아이소프렌 C_5H_8이 3,000에서 4,000개나 중합되어 이어진 끈 모양의 거대 분자다. 분자를 상상할 때 탄소

그림 2 물질의 세 가지 상태

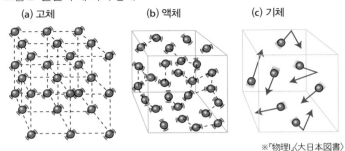

(a) 고체　　　　　(b) 액체　　　　　(c) 기체

※『物理I』〈大日本図書〉

원자(C)나 수소 원자(H)라고 간주한 스티로폼 공을 대나무 꼬치 등으로 연결한 분자 모형을 종종 이용한다. 그러나 이것만이라면 무척 중요한 점을 놓치게 된다. 거대한 끈을 구성하는 탄소 등의 원자는 격렬하게 운동하고 있다. 즉 고무줄의 선형 분자는 마구 돌아다니고 있으며, 그 움직임은 온도가 높아질수록 격렬해진다(그림 3).

그림 3 이리저리 움직이는 고무 분자(모식도)

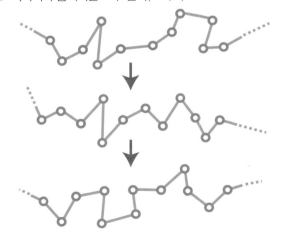

뒤죽박죽 돌아다니면서, 굴곡져 있는 끈 모양의 분자 두 곳을 집고(반드시 맨 끝일 필요는 없다) 양쪽으로 당기면 굴곡이 줄어들기에 반드시 늘어난다. 이것이 고무줄이 늘어나는 원리다.

그렇다면, 고무의 탄성은 어디에서 생겨나는 것일까?

그림 4는 이러한 끈 형태의 분자 중 일부를 모형으로 표현한 것이다. 분자 m에 끈을 두 개 달고 각각의 끈을 점 A, B에 고정한다. 점 A, B는 조우 방향으로만 움직일 수 있다고 가정한다. 입자가 반지름 r에서 점 A, B를 지나가는 축을 중심으로 빙글빙글 회전하면, A, B 사이에 장력이 생긴다. 그 결과 점 A, B를 집어서 좌우로 잡아당기면 이것을 되돌리려는 탄성력이 생길 것이다. 고무줄의 탄성은 각 부위가 열운동 하므로 격렬하게 움직이는 끈 모양의 분자에 의해 생겨나는 것이다.

첫 실험으로 돌아가 보자. 판단력이 좋은 사람이라면 이미 눈치챘을지도 모른다. 고무줄에 뜨거운 물을 끼얹어서 그 온도를 높이면 끈 모양 분자의 각 부위는 더욱 격렬하게 운동한다. 그림 4로 말하면 입자 m의 원운동의

그림 4 고무 분자 모형

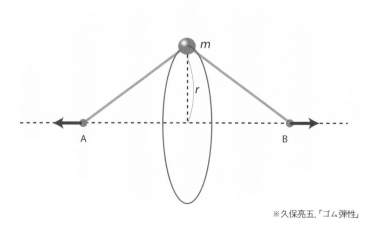

※久保亮五, 『ゴム弾性』

반지름 r은 더욱 커진다. 그 결과 A, B 사이의 거리가 줄어서 고무줄은 수축한다.

마지막으로 간단하게 할 수 있고 고무 탄성에 본질적인 실험을 소개하겠다. 고무줄 양 끝을 잡고 갑자기 늘인 다음 곧바로 고무줄 일부를 입술에 가져다 대 보자. 약간 따듯해졌다는 것을 느낄 수 있을 것이다. 다음으로 늘인 고무줄을 갑자기 수축시키고 다시 입술을 대 본다. 이번에는 차가워졌음을 알 수 있다(그림 5). 입술은 온도에 민감하므로 미세한 온도 변화를 파악하기에 편리하다.

그림 5 고무줄을 입술에 대면?

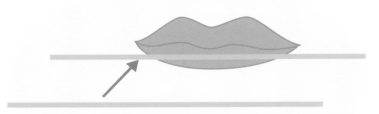

고무줄을 갑자기 늘여서 입술에 대기
늘린 고무줄을 갑자기 수축시켜서 입술에 대기

이 실험 결과는 '구름은 왜 생기는가?'에서 소개한 열역학 제1 법칙으로 이해할 수 있다.

고무줄을 당긴다는 것은 끈 모양의 분자에 작용 W를 했다는 말이다. 따라서 그만큼 고무줄의 내부에너지가 증가하므로($\Delta U = W$), 고무줄 온도는 상승한다. 반대로 갑자기 고무줄을 수축시키면 고무줄이 작용 W를 한 만큼만 고무줄의 내부에너지가 감소하므로($\Delta U = -W$), 고무줄 온도가 내려간다. 이러한 고무줄의 온도 상승과 하강을 입술이 느낀 것이다.

'갑자기'라는 것은 고무줄에서 공기 중으로 열이 유출되거나 공기에서 고무줄로 열이 유입되지 못하도록 빨리하라는 의미이므로 단열변화라 할 수 있다.

친환경 급탕 시스템의 원리를 냉장고로 설명할 수 있는 이유

열은 저온의 물체에서 고온의 물체로 자연스럽게 이동하는 것은 아니다. 냉장고에서는 저온의 냉장고 안 식료품의 열이 고온의 부엌 공기로 방열되므로, 결과적으로 열이 저온의 물체에서 고온의 물체로 이동하지만 이 과정이 자연스럽게 이루어지는 것은 아니다. 따라서 모터가 반드시 필요하다. 여기에서는 냉장고의 원리를 '친환경 급탕 시스템'이라는 새로운 유형의 급탕 시스템을 예로 들어 설명해 보자.

친환경 급탕 시스템을 인터넷에서 검색하면 '대기 중의 열을 이용해 물을 데우는 새로운 급탕 시스템입니다. 대기의 열을 이용하는 히트펌프 기술을 채택했기에 소비전력량의 세 배의 열로 가열할 수 있습니다'라는 설명이 쓰여 있다. 같은 양의 물을 데우는 데 전열기를 사용할 때보다 3분의 1의 전력량만 있으면 된다는 의미일 것이다. 왜 3분의 1이면 될까?

◆히트펌프란?

열(히트)을 퍼 올리는 펌프를 의미하는 히트펌프 기술은 예부터 전기냉장고나 에어컨에서 사용되어온 기술이다. 저온의 물체에서 열을 퍼 올릴 수 있는 이유는 무엇일까? 그것은 단열팽창 하면 온도가 내려가고 단열압축 하면 온도가 올라가는 냉매라 불리는 기체는 압축기로 시스템 내부를 순환시키기 때문이다(단열팽창과 단열압축에 관해서는 22~26쪽 참조).

그림 1의 팽창밸브에서 단열팽창 해서 기온보다 온도가 내려간 냉매가 공기-냉매 열교환기에 오면 대기에서 냉매로 열이 전달된다. 그곳을 나온 냉매는 압축기에서 단열압축 되면 온도가 상승한다. 고온이 되어 물-냉매 열교환기로 온 냉매는 낮은 온도의 물에 열을 전달해 물 온도가 고온이 되면 팽창 변으로 향한다. 이것이 시스템의 한 사이클이다. 냉매로서 이산화

탄소 CO_2가 사용된다.

친환경 급탕 시스템의 두 개의 열교환기에서는 열은 고온의 물체에서 저온의 물체로 이동한다. 그러나 냉매가 매개되어 열이 저온의 대기로부터 고온의 물(끓는 물)로 이동하는 것이다.

전력에 의해 압축기가 냉매에 작용하므로 에너지 보존 법칙에 따라 '물로 전달된 열'='대기에서 전달된 열'+'압축기의 소비전력량'이라는 관계다. 전열기로 물을 가열할 때는 '물에 전달된 열'−'전열기의 소비전력량'이므로 친환경 급탕 시스템에서는 '대기로부터 전달된 열'을 이용한 만큼 친환경이라 할 수 있다.

그림 1 친환경 급탕 시스템의 개념도

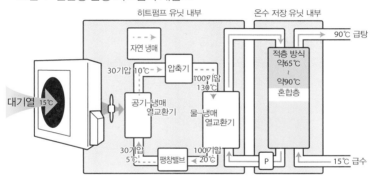

지구의 평균 기온이 결정되는 방법

대기 중의 이산화탄소 CO_2의 증가가 원인이 되어 지구의 온도가 상승하고 있기에 지구온난화 대책이 국제적인 과제이다. 여기에서는 CO_2 증가와 기온 상승 이야기가 아닌, 왜 지구의 기온이 섭씨 10도 정도인지를 물리학의 간단한 논의로 설명하겠다.

◆ 지구의 열수지

지구의 온도는 지구의 열수지로 결정된다. 열의 수입은 태양이 지구에 방사하는 빛 에너지다. 열의 지출은 지구가 주변에 적외선이라는 형태로 방사하는 열이다. 기온이 높으면 방사열은 많고, 낮으면 적다. 지구의 기온은 열의 수입과 지출이 같아지는 온도에서 정착한다.

◆ 지구가 태양에서 더욱 멀다면?

지구가 태양에서 더욱 멀다면 태양에서 도달하는 열은 적어지므로 지구가 방사하는 열도 적어진다. 따라서 지구의 기온도 낮아진다. 기온이 어느 정도 낮아지는가를 알기 위해서는 '빛과 적외선 등의 전자파로서 물체가 주위에 방사하는 에너지양은 물체의 표면온도의 네제곱에 비례한다'라는 **슈테판 볼츠만 법칙**을 이용하면 좋다. 이 법칙에 나오는 온도는 일상생활에서 이용되는 섭씨온도(℃)가 아니라 '절대온도=섭씨온도+273도'다. 물이 어는 0℃는 절대온도로 273도이므로 이것을 273K라고 표기한다.

지구와 태양의 거리가 약 4배가 되면 태양으로부터 도달하는 에너지의 밀도는 4분의 일이 아니라 16분의 일이 된다(그림 1). 따라서 지구가 방사하는 에너지양도 16분의 1이 된다. 그렇다면 지구의 온도는 어느 정도 낮아질까. 절대온도가 2분의 1이 되면 2분의 1의 네제곱은 16분의

1이므로 $\left[\frac{1}{2} \times \frac{1}{2} \times \frac{1}{2} \times \frac{1}{2} = \frac{1}{16}\right]$, 방사하는 에너지양은 16분의 1이다. 반대로 방사하는 에너지양이 16분의 1일 때는 절대온도는 2분의 1이 된다. 즉 지구와 태양의 거리가 4배가 된다면 지구의 절대온도는 2분의 일이 되는 것이다.

그림 1 태양과의 거리와 에너지 밀도

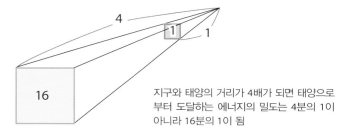

지구와 태양의 거리가 4배가 되면 태양으로 부터 도달하는 에너지의 밀도는 4분의 1이 아니라 16분의 1이 됨

◆ 태양 표면온도는 5,800K

금속을 가열할 때 우선 적외선을 방사하는데 그다음 붉은색으로 변하고 더욱 온도가 올라가면 청백색으로 빛난다. 이렇듯 고온의 물체는 빛을 방사하지만 방사하는 빛의 색은 온도와 함께 변화한다. 전자파의 파장은 적외선 → 적색광 → 자색광 → 자외선 순으로 짧아지므로, 물체는 온도가 높아질수록 파장이 짧은 전자파를 방사한다.

이 정성적인 결과를 정량적으로 나타낸 법칙이 '물체에서 가장 강하게 방사되는 전자파의 파장은 표면온도(절대온도)에 반비례하고,

$$파장 \times 표면온도 = 2.9 \times 10^{-3} m \cdot K$$

이다'라는 빈의 변위법칙이다. 태양이 가장 강하게 방사하는 전자기는 녹색광으로 파장은 $5 \times 10^{-7} m$, 즉 2,000분의 1mm이므로 태양의 표면온도는 5,800K임을 알 수 있다.

◆지구의 표면온도를 태양의 표면온도로 계산하기

슈테판 볼츠만 법칙을 이용하면 태양의 표면온도 5,800K에서 지구의 표면온도를 계산할 수 있다. 태양과 지구의 거리(1억 5,000만km)는 태양의 반지름(70만km)의 216배이므로 태양이 표면으로부터 방사하는 에너지의 밀도는 지구에 도달하면 46,400분의 1로 감소한다(216×216=46400). 이 에너지를 지구는 주위에 방사하는데, 하루는 낮과 밤이 있어서 태양광이 비스듬하게 입사하는 고위도 지방의 일조량은 적다. 지구의 표면적($4\pi r_E^2$)은 태양에서 본 지구의 면적(πr_E^2)의 4배이므로 지구의 표면 전체로 평균을 내면 지구 표면이 방사하는 에너지는 같은 면적의 태양 표면이 방사하는 에너지의 186,000분의 1이 된다(46400×4=186000).

한편 186,000분의 1은 20.8분의 1의 네제곱이므로 지구의 평균 기온은 태양의 표면온도 5,800K의 20.8분의 1인 279K로 추정된다. 279-173=6이므로 지구의 평균온도는 섭씨 6도로 추정되었다.

근사치를 쉽게 얻을 수 있다는 물리학의 유효성을 보여주기 위해서 위 계산에서는 조건을 너무 간단히 설정했다. 가령 지구 대기의 표면에서 태양에서 온 빛의 약 30%가 반사되므로, 그만큼을 열의 수입에서 줄이면 지구의 평균 기온 추정치는 254K, 즉 섭씨로 영하 19도가 된다. 지구 표면에서의 대기의 평균온도는 15℃, 대기권의 평균온도는 -18℃로 추정된다.

◆온실효과

지구 표면에서 대기의 평균 기온인 15도와 우리가 예측한 영하 19도가 차이가 나는 가장 큰 이유는 태양광은 쉽게 통과하지만, 적외선은 흡수하므로 통과하기 어렵다는 대기 중의 수증기와 이산화탄소의 작용 때문이다. 그 결과 지면이 방사한 열은 대기에 쌓이므로 대기는 온도가 상승해 따뜻해진다. 이것이 온실효과의 원리다(그림 2). 메탄과 오존, 프레온에도 온실효과가 있다.

또한 일조량이 많은 열대지방과 일조량이 적은 한대지방의 온도 차가 작은 것은 지구의 대기 순환이나 해수의 순환으로 열에너지가 이동하기 때문이다.

그림 2 온실효과를 살린 온실

열기관

에너지라는 물리학 용어의 의미는 '일하는 능력'이다. 에너지를 일로 바꾸는 대표적인 장치로 모터와 **열기관**이 있다. 모터는 전기에너지를 거의 10% 효율로 일로 변환시킨다. 하지만 휘발유 엔진이나 증기기관 등의 열기관에서는 연소로 석유나 석탄의 화학에너지가 전환된 고온의 기체의 열 일부만 일로 변환시킬 수 있다. 그 이유는 열기관의 연속적인 운전에는 고온의 기체를 냉각하거나 외부에 방출해야 하기 때문이다. 증기기관의 경우라면 그림을 보면 이해할 수 있을 것이다.

하나의 열원에서 열을 취해 그것을 모두 일로 바꾸고, 그 외는 아무런 변화도 일어나지 않는 열기관이 있다면 편리할 것이다. 가령 바닷물에서 열을 취하고 스크루를 돌릴 수 있다면 배에 연료를 실을 필요가 없다. 그러나 이러한 열기관은 존재하지 않는다. 주위 환경에 열을 방출해야 하기 때문이다.

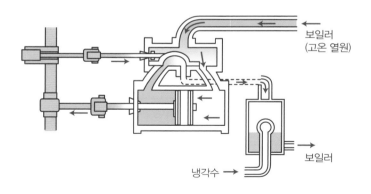

보일러
(고온 열원)

보일러

냉각수 →

제2장

일상 속 물리학–
빛과 소리에 관한 의문

우리는 일상생활 속에서 태양의 빛을 쬐고 다양한 소리를 듣는다.
2장에서는 이러한 빛과 소리에 관한 의문에 대해 답해 보겠다.
하늘이 파란 이유라든가 무지개가 보이는 이유 등 어린아이가
이런 질문을 하면 제대로 대답할 수 있게 잘 알아두도록 하자.

자동차를 운전할 때 앞에 버스가 있으면 시야가 가려진다. 앞쪽으로 보이는 것은 버스의 맨 뒤편뿐이고 버스 안은 보이지 않는다. 따라서 버스 운전사는 룸미러로는 뒤따라오는 차고가 낮은 차를 못 볼 것 같다. 어느 날 나는 앞을 달리는 버스의 뒤쪽 유리 한가운데 지름 30cm 정도의 동그란 물체가 붙어 있다는 것을 깨달았다. 다음날 버스터미널에서 버스를 타고 운전사에게 물었더니 '뒷유리창 바깥을 잘 보이게 하려는 장치로 꽤 오래전부터 붙어 있었다'라는 것이다.

버스의 맨 뒷자리로 가 보니 버스 뒷유리창의 중앙부에 네모 모양의 투명한 플라스틱판이 붙어 있었는데 그것을 통해 바깥을 보니 상하좌우로 넓은 시야가 펼쳐졌다. 운전사가 룸미러로 이 판 부분을 보면 뒤쪽의 양쪽 차선에서 가까이 다가오는 자동차를 단번에 볼 수 있다고 하며 버스 바로 뒤에 있는 소형차도 보인다고 한다. 이 장치의 정체는 프레넬의 오목렌즈인데, 간단히 하기 위해 일단은 오목렌즈로 설명하겠다.

◆ 오목렌즈란?

돋보기의 렌즈는 양쪽 모두 바깥으로 튀어나와 있어서 렌즈의 가운데 부분이 두껍다. 이렇듯 돋보기의 렌즈를 볼록렌즈라고 한다. 반대로 양쪽 모두 안쪽으로 들어가 있어서 렌즈 가운데 부분이 얇아지는 렌즈를 오목렌즈라고 한다.

오목렌즈에는 두 개의 초점 F_1과 F_2가 있다. 광선이 렌즈의 반대편에 있는 초점 F_1을 목표로 렌즈에 입사하면 광선은 방향을 바꾸어 렌즈 중심축에 평행하게 나아간다(그림 1a). 반면 렌즈의 중심축에 평행하게 뻗어서 렌즈에 입사하는 광선은 렌즈를 나오면 중심축에서 벗어나 마치 렌즈의 반대쪽에 있는 초점 F_2에서 나온 것처럼 나아간다(그림 1b). 렌즈의 중심에 입사한 광선은 그대로 직진해 렌즈에서 나온다.

그림 1 오목렌즈에 의한 광선의 굴절

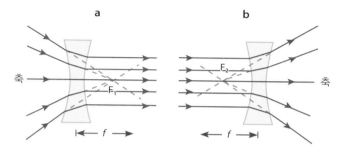

위 세 개 광선이 뻗어나가는 방식의 규칙을 알아두면, 그림 2를 보면 버스의 뒤쪽에 있는 물체가 어디에 있는지 보이는 것을 이해할 수 있다. 초점 F_2보다 멀리 있는 물체 O는 초점 안쪽으로 축소된 상 I로 보인다. 먼 물체의 상은 초점 F_2의 옆으로 보이고 물체가 가까워지면 상의 위치는 렌즈에 가까워진다. 물체가 초점의 바로 옆까지 오면 상은 초점과 렌즈의 중점 바로 옆으로 보인다(그림 5의 오목렌즈의 공식을 참조). 상의 지점에서 광선은 실제로는 교차하지 않기에 이 상을 허상이라고 한다.

그림 2 오목렌즈를 통해 물체 O를 볼 때 보이는 것은 허상 I

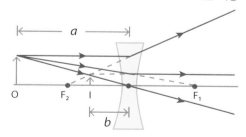

따라서 버스 뒤쪽 창의 오목렌즈를 통해 보면 뒤쪽으로 멀리 있는 높은 건물도, 바로 뒤에 있는 작은 자동차도, 양쪽 차선을 통해 버스를 추월하려는 차도, 모두가 축소되어 초점 F_2 안쪽에 있는 것처럼 보이게 된다.

◆ 버스의 안경

버스의 맨 뒷자리로 가서 렌즈를 통해 바깥 풍경을 보면 그렇게 되어 있음을 알 수 있다. 운전기사에게 이용 상황을 물어보니 차고에서 후진할 때 바로 옆에 있는 물체가 보이기에 반드시 본다고 한다.

근시용 안경 렌즈는 오목렌즈다. 한 고등학교 선생님은 '버스가 안경을 쓰고 있다'라고 학생에게 설명하면 학생들이 잘 이해한다고 말했다.

◆ 프레넬의 오목렌즈

그림 1, 2의 오목렌즈는 중심부가 얇고 주변부가 두꺼운데 버스의 뒤쪽 창문에 붙어 있는 플라스틱판의 주변부는 두껍지 않다. 왜일까? 이는 렌즈에 의한 굴절은 렌즈의 앞면과 뒷면의 경계면에서만 일어나기 때문에 알맹이를 도려내고 표면만 사용하면 얇은 렌즈가 만들어진다는 프랑스의 물리학자 프레넬의 아이디어에도 근거하는, **프레넬의 오목렌즈**이다.

프레넬의 오목렌즈란 일반 렌즈를 중심원 상의 여러 동그라미로 나누어 두께를 줄인 렌즈로 그림 3, 4와 같이 톱날 모양의 단면을 지닌다. 실제로 버스에서 사용하는 프레넬의 오목렌즈는 옆에서 보면 동심원상의 선이 들어간 것처럼 보인다. 따라서 프레넬의 오목렌즈는 근시용 안경으로는 쓸 수 없다. 그러나 버스의 안경으로 쓰는 정도라면 문제가 없다.

프레넬의 오목렌즈가 최초로 실용화된 것은 등대 램프의 빛을 모아서 멀리까지 가 닿도록 하기 위한 거대한 볼록렌즈의 두께를 얇게 해서 무게를 대폭 줄이고 동시에 원료비를 절감하기 위한 프레넬의 오목렌즈였다.

그림 3 프레넬의 오목렌즈   그림 4 프레넬의 볼록렌즈

그림 5 오목렌즈의 공식

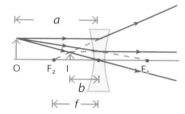

$$\frac{1}{a(\text{렌즈와 물체의 거리})} + \frac{1}{b(\text{렌즈와 상의 거리})} = \frac{1}{f} \quad (f<0, \ a>0, \ b<0)$$

두 개의 눈금 한가운데까지 물을 넣는 방법

전기밥솥 안쪽에는 어디까지 물을 넣으면 좋을지를 나타내는 눈금이 그려져 있다. 우리 집 전기밥솥에는 쌀이 1컵, 2컵, 3컵인 경우의 눈금이 그려져 있는데 1.5컵은 그려져 있지 않다. 우리 집에서는 1.5컵의 쌀로 밥을 짓는 경우가 많다. 이 경우에는 한 컵용 선과 두 컵용 선 한가운데까지 물을 넣으면 되니까 간단하다고 생각하는 사람이 많을지도 모르겠다. 하지만 물을 두 개의 선 한가운데까지 넣기는 의외로 어렵다.

◆컵의 절반까지 물을 넣기

그 증거로 유리컵의 한가운데까지 물을 채워보자. 위에서 봤을 때 물이 반쯤 들어왔다고 생각하고, 옆에서 확인하면 60% 정도까지 들어 있는 것을 알 수 있다. 그 이유는 인간은 눈에 들어오는 광선 방향에 광원이 있다고 느끼지만, 물속 광원은 수면에서 굴절되어 눈에 들어오기 때문이다. 따라서 컵 바닥의 가장자리의 점 P를 보고 있는 것 같지만, 눈으로 들어가는 광선의 끝은 바닥보다 위쪽의 점 P′에 있는 것이다(그림 1).

P′은 얼마나 위쪽일까? 그림 1과 같이 바로 위에 가까운 방향에서 봤을 때 물속 점 P′의 깊이는 물의 깊이의 약 4분의 3이 된다. 공기 중의 광선이 수면에 수직인 방향과 이루는 각도 θ는 물속에서 광선이 이루는 각도 $\theta′$의 약 4분의 3(1.33배)이기 때문이다. 이 배율 1.33을 물의 굴절률이라고 한다.

물속 물체의 깊이가 4분의 3으로 보이는 것은 바로 위쪽 가까이에서 보는 경우이다. 물속 물체를 수면 근처에서 비스듬히 보면 4분의 3보다 더 얕게 보인다. 이는 온천의 대욕장 욕조에서 발을 뻗어 눈높이를 낮추고 발끝을 보면 확인할 수 있다. 발끝에서 나온 광선 대부분은 수면에 반사되어 물속으로 되돌아오기 때문에 발끝이 흐리게 보인다.

그림 1 물이 들어 있는 컵의 바닥은 얇아 보임

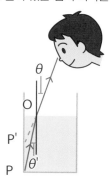

◆물을 넣는 방법

전기밥솥의 두 개의 눈금 선 가운데까지 물을 채울 때, 위에서 봤을 때 절반까지 들어왔다고 느낄 때는 7분의 4까지 들어갔을 때다. 아직 7분의 3밖에 안 들어갔구나, 하고 느껴질 때가 중간까지 들어간 것이다. 비스듬히 볼 때는 조금 더 적게 넣어야 한다. 밥을 지을 때 물 넣는 방법을 참고하기를 바란다.

◆두꺼운 유리창 바깥을 볼 때

공기에서 유리에 빛이 입사하면 경계면에서 광선이 굴절되어 경계면에 수직인 선에 가까워지듯 구부러진다. 따라서 A군에게는 그림 2의 유리블록 너머에 있는 작은 물체 B가 B′ 방향에 있는 것처럼 보인다. 이런 경험은 누구에게나 있을 것이다.

그림 2 A군에게는 물체 B의 위치가 B′ 방향으로 보임

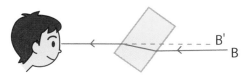

신기루란?

햇볕이 강한 화창한 날에 운전하다 보면 전방에 물웅덩이가 보일 때가 있다. 그 근처를 지나가는 자동차의 모습이 거기에 비치는 듯도 하다. 하지만 앞으로 나아가면 그 물웅덩이도 함께 앞으로 이동한다. 실제로 웅덩이가 있는 것은 아니다. 이것은 신기루의 일종이다. 이 현상은 빛의 굴절 때문에 발생한다.

◆빛의 굴절

실내를 어둡게 하고 수조에 담긴 물에 레이저 포인터로 광선을 비추면, 광선은 수면 아래에서 아래쪽으로 굴절된다(그림 1). 빛의 굴절은 진행하는 매질에 따라 빛의 속도가 다르기에 발생한다. 진공 속 광속을 c라고 하면, 굴절률이 n인 매질 속에서 광속은 느려져 c/n가 된다. 굴절률 1.33인 수중에서 광속은 공기 중의 1/1.33배(약 4분의 3)이다. 그림 2와 같은 빛의 파동(평면파)이 수면에 비스듬히 입사하면 수면에서 수중에 입사한 부분부터 느려지므로, 산이라면 산, 계곡이라면 계곡을 잇는 같은 진동 상태(위상)의 파면이 수면을 경계로 꺾이게 된다. 광선의 방향은 이 파면에 수직이기 때문에 광선도 구부러진다.

◆신기루

공기의 굴절률은 15℃에서 1.00028이지만 기온이 내려가면 약간 증가하고, 올라가면 약간 감소한다. 해수 온도가 낮으면 바다 위 기온이 낮을수록 굴절률이 낮기에 굴절률은 낮을수록 커진다. 그림 2와 같이 광선은 굴절률이 큰 매질을 향해 굴절하기 때문에 그림 3의 배에서 나온 빛은 위로 볼록한 곡선을 그리며 굴절한다. 멀리서 보면 배가 바다에 거꾸로 떠 있는 것처

그림 1

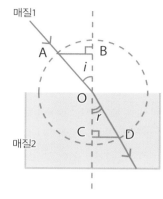

매질1

A　B

i

O

r

C　D

매질2

매질 1(공기)에서 매질 2(물)를 향해 빛이 진행할 때 굴절이 발생하는데 i가 입사각, r이 굴절각. 매질 1의 굴절률을 n_1, 매질 2의 굴절률을 n_2라고 하면 다음과 같은 관계가 성립

$$\frac{\sin i}{\sin r} = \frac{AB/OA}{CD/OD} = \frac{AB}{CD} = \frac{n_2}{n_1}$$

공기의 굴절률은 거의 1, 물의 굴절률은 1.33

그림 2

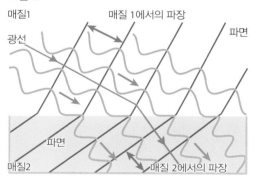

매질1

광선

매질 1에서의 파장

파면

파면

매질2

매질 2에서의 파장

굴절은 매질에 따라 광속이 달라진 결과 발생. 매질 2에서는 광속이 매질 1에 비해 느려지기 때문에 입사한 빛의 파장이 짧아짐. 그러면 진행하던 파면이 수면에서 꺾이게 됨

그림 3　신기루: 멀리 있는 배가 해상에 떠 있는 것처럼 보임

굴절률 높음

럼 보인다. 이것이 신기루의 원리이다. 신기루의 신(蜃)은 대합을 가리키는데 옛날에 대합이 내뿜는 기(氣)에 의해 공중에서 누각이 나타난다고 생각한 데서 유래한 말이다.

◆도로에서 물웅덩이가 보이는 신기루

낮에 도로 온도가 올라가면 도로에서 위로 올라갈수록 기온이 낮아져 굴절률이 증가한다. 그러면 먼 하늘의 빛이 도로 부근에서 그림 4와 같이 굴절된다. 이렇듯 위로 굴절된 빛을 본 운전자는 전방에 물웅덩이가 있는 것처럼 보인다. 이는 빛이 도로 부근에서 **전반사**되는 것으로 볼 수 있다. 그림 1에서 빛이 매질 2에서 1로 입사할 때 굴절각이 90도 이상이면 빛은 매질 1로 나갈 수 없고 모든 빛은 경계면에서 반사되어 매질 2로 되돌아온다. 매질 2의 입사각이 i일 때, 전반사가 일어나는 조건은 $\sin i > n_1/n_2$로 주어진다.

◆광섬유

빛의 전반사를 이용하는 것으로는 광통신이나 위내시경 등의 내시경에 사용되는 광섬유가 있다. 이는 중심부(코어)는 굴절률 n_2가 크고 주변(클래드)은 굴절률 n_1이 작은 가느다란 유리섬유 다발이다. 광섬유의 한쪽 끝에서 코어에 입사각 θ로 입사한 빛은 $\sin\theta < \sqrt{n_2^2 - n_1^2}$ 이라면 섬유의 코어와 클래드의 경계에서 **전반사**되면서 다른 쪽 끝까지 전달된다(그림 5). 빛은 유리 표면에서 밖으로 나가지 않으므로 빛의 신호는 약해지지 않고 멀리 전달된다. 크리스마스트리 등에서 광섬유 다발 끝이 붉은색으로 점점이 빛나고 있다면, 그것은 광섬유 안에서 전반사를 반복하면서 전달된 적색 레이저 빛이다.

그림 4 신기루: 멀리 있는 도로에서 빛이 반사되어 물웅덩이가 보임

그림 5 광섬유: 빛은 코어와 클래드의 경계면에서 전반사하면서 전달

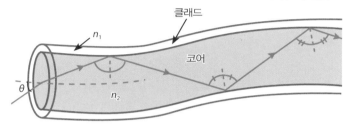

거리를 재는 방법

일상생활에서는 길이를 자나 줄자로 잰다. 황무지를 매매할 때 땅의 면적과 형태를 측량으로 결정하는데, 이때 거리는 무엇으로 측정할까? 긴 줄자를 사용할까? 땅값이 1제곱미터당 100만 원인 곳에서는 측정값이 1cm만 틀려도 400제곱미터의 땅값이 40만 원 차이가 난다. 정확한 측량이 필요하다.

◆측량할 때는 거리를 빛의 도달시간으로 재기

최근 측량에서는 두 지점의 거리를 측정할 때 거리 그 자체를 측정하지 않고 두 지점을 빛이 왕복하는 시간으로 측정한다. 길이의 측정 오차보다 빛의 왕복 시간의 측정 오차가 훨씬 더 작기 때문이다.

일정한 속도로 걸을 때, 걸은 거리=속도×시간이므로, 빛의 왕복 시간을 측정하면 다음과 같다.

빛이 왕복한 거리 = 빛의 속도 × 빛의 왕복 시간

이 관계를 이용해 두 지점의 거리를 구할 수 있다.

이 관계를 이용해 토지 측량에서 사용하는 트랜싯(거리센서)에서는 트랜싯이 발사하는 적외선 레이저 빛이 반사되어 돌아오는 시간을 측정해서 거리를 재고 있다(그림 1).

◆빛의 속도

빛이 전달되는 시간을 이용해 길이를 결정하는 것은 길이 단위인 1m의 정의에서도 마찬가지다. 역사적으로 1m는 지구의 북극에서 적도까지의 거리가 1,000만m(1만km)가 되도록 규정되었고, 이를 바탕으로 국제 미터 원기가 만들어졌다. 하지만 과학기술의 발전에 따라 부적절해졌다. 그래서 **광속 불변 원리**에 따라 일정한 광속을 이용해 1983년부터 국제단위계에서는 빛은 진공 속에서 1초에 299,792,458m를 간다고 규정했다. 그 결과 길이 단위인 1m는 '빛이 진공 상태에서 299,792,458분의 1초 동안 이동하는 거리'로 정의하게 되었다.

그림 1   트랜싯

◆공기 중의 빛의 속도는 온도에 따라 변화

진공 상태에서는 광속이 일정하지만, 공기 중에서는 광속이 0.03% 정도 느려진다. 기온이나 기압이 변하면 공기의 밀도가 변하기 때문에 빛의 속도도 변한다. 그래서 측량에서 사용하는 트랜싯은 기온과 기압에 따른 광속 변화를 고려해 거리를 측정한다.

기온이 올라가면 공기의 밀도가 낮아지기 때문에 광속이 조금 더 빨라진다. 이 광속의 온도 변화로 인해 발생하는 현상으로 신기루 등이 있다(2-3 참조).

빛을 비추면 같은 방향으로 반사하는 반사재

자동차 전조등으로 앞쪽을 비추면 교통 표지판, 자전거, 도로 작업자 등에 의해 빛이 반사되어 운전자 쪽으로 다시 돌아와야 한다. 그래서 빛을 광원 방향으로 반사하는 재귀성 반사재가 만들어져 교통안전을 위해 널리 활용되고 있다.

자전거의 뒷부분이나 페달에 달린 반사판에 빛을 비추면 밝게 빛나는 것은 그 한 예다. 도로에 그려진 선은 야간에 보행자에게는 잘 보이지 않지만, 운전자에게는 밝게 보인다. 페인트에 재귀성 반사재가 섞여 있기 때문이다. 또한 밤에 도로 공사 현장에 차를 몰고 접근했을 때 작업자의 작업복에서 강한 빛이 반사된다면 그 작업복에도 재귀반사 천이 사용되어 있다.

재귀성 반사재에는 두 가지 종류가 있는데 하나는 세 개의 거울을 서로 수직이 되도록 조합한 반사재(그림 1)로, 입방체(큐브)의 모서리가 딱 들어맞기 때문에 큐브 코너형이라고 한다. 빛은 거울에 반사되면 반사의 법칙에 따라 거울 면에 수직인 방향의 빛의 속도 성분이 반대로 되기 때문에 세 장의 거울에 반사되면 세 방향의 성분이 역전되어 빛이 광원 방향인 역방향으로 되돌아오는 것이다.

그림 1 코너 큐브에 의한 반사
오른쪽은 두 장의 거울 면에 의한 반사

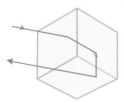

또 다른 종류는 비드형 반사재이다. 빛은 무색투명한 유리구슬인 유리 비드 안으로 들어갈 때 굴절되어 유리의 굴절률이 약 2이면 구면상의 한 점에 초점을 맞추고, 유리구슬의 뒷면에 있는 반사막에 의해 반사된다. 유리 구슬을 빠져나올 때도 굴절해 입사광과 평행하게 광원 방향으로 되돌아온다(그림 2). 유리의 굴절률은 1.5~1.6이므로 반사된 빛은 완전히 평행하지 않다.

그림 2 유리 비드(굴절률 2.0)에 의한 반사

양적으로 가장 많이 생산되는 재귀성 반사재는 도로용 유리 비드다. 고속도로나 일반도로의 중앙선이나 측선, 건널목의 수지나 페인트에 섞거나 뿌려서 사용하고 있다. 야간에 중앙선이나 측선이 헤드라이트에 의해 선명하게 보이는 것은 이 유리 비드의 반사 작용 때문이다.

◆달 표면까지의 거리 측정

1969년 아폴로 계획으로 달에 간 우주비행사들은 달 표면 곳곳에 코너 큐브형 반사경을 남겨두었다. 그곳을 향해 미국의 구경 3.5m 망원경으로 2cm 길이의 레이저 광 펄스를 쏘아 올렸다. 지름이 2km로 퍼져 달 표면에 도착한 펄스 광량의 3000만분의 1이 반사경에서 반사되어 왕복 2.5초의 달 여행을 마치고 망원경을 중심으로 지름 15km의 지표면으로 돌아와 일부가 망원경으로 들어간다. 왕복 시간의 정밀한 측정으로 달이 매년 지구에서 약 4cm씩 멀어지고 있다는 사실 등이 밝혀지고 있다.

06 무지개가 보이는 이유

'무지개를 관찰하고 그 색깔을 세어본 적이 있는가?' 예전에 몇 번 과학 교사를 지망하는 대학생들에게 물어본 적이 있다. 학생 대부분은 '물론 관 찰한 적은 있지만 몇 개의 색으로 보이는지 세어본 적은 없다. 하지만 7색 이라고 생각한다'라고 답했다.

잘 알려진 바와 같이 무지개는 태양과 반대편에 있는 대기 중의 물방울 안에서 햇빛이 반사되어 보이는 것이다(물론 빛이 물방울에 들어갈 때와 나올 때 표면에서 굴절된다). 그림 1은 물방울에 들어가는 입사광선에 대한 물방울 속의 1회 반사에 의한 반사광선을 나타낸다. 입사광선이 1, 2, 3……하고 물방울의 중심에서 멀어질수록 1′, 2′, 3′……의 반사광선과 이루는 각도가 넓어진다. 하지만 자세히 보면 5의 위치에서 그 각도가 최대에 이르 고, 6이 되면 다소 줄어든다는 걸 알 수 있다. 즉 반사의 각도는 5의 입사광 선에서 최대가 된다. 이 각도 부근의 빛은 대부분 5′ 방향으로 반사되기 때 문에 이 방향으로 특히 강한 반사를 얻을 수 있다. 주 무지개라고 하는 물방

그림 1 물방울 속에서 일어나는 반사

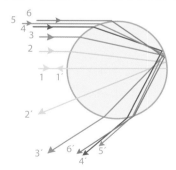

울 내 1회 반사에서는 이 각도가 약 42°, 2회 반사에서는 약 51°이다.

태양을 등지고 있는 사람이 이를 보면, 태양광선 방향에서 자신을 향해 42° 방향에 있는 물방울이 빛나고 있는 것처럼 보인다(그림 2). 자신이 바로 무지개를 밑바닥 원으로 한 무지개 원뿔의 꼭대기에 서게 되는 것이다. 2회 반사의 무지개는 그 바깥쪽에 보이는데, 이를 부 무지개라고 한다. 색에 따라 물방울의 굴절률이 적색-주황색-황색-녹색-청색-보라색 순으로 커지기 때문에 강하게 반사되는 각도가 어긋나면서 무지개색이 다르게 보인다. 만약 무지개를 만날 수 있다면 몇 가지 색으로 보이는지 세어 보자. 7가지 색을 세는 것은 우선 불가능할 것이다.

그림 2 인간은 광선이 이루는 원뿔의 정점에 섬

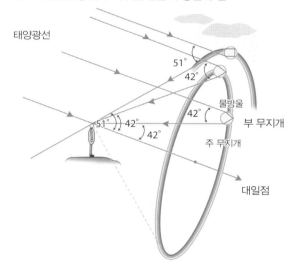

07

교통신호등 3원색의 비밀

10년 전만 해도 신호등은 백색 전구에 색이 들어간 유리 렌즈를 씌워서 녹색, 황색, 적색의 3색 빛으로 만드는 방식이었다. 하지만 최근에는 발광다이오드(LED) 방식으로 바뀌었다(그림 1). 소비전력이 적고 수명이 길며, 햇빛이 렌즈 면에 반사되어 신호가 잘 안 보이는 일이 적기 때문이다.

그림 1 **교통신호등**

◆ 단색광

그런데 같은 **빨간불**이라고 해도 두 종류의 신호등이 내는 빨간불은 다른 종류의 빨간불이다. 태양에서 방출되는 빛은 색이 느껴지지 않기 때문에 백색광이라고 한다. 태양광을 프리즘에 입사시키면 6색으로 분산되기에 백색광에는 6색의 빛이 섞여 있다고 볼 수 있다. 그림 2에는 6색을 그렸지만, 실제로는 색이 서서히 변한다. 이러한 **빛의 분산**이라는 현상은 다음과 같은 이유로 생긴다. 빛에는 파장이 1,300분의 1mm에서 2,600분의 1mm까지 섞여 있고, 프리즘을 통과할 때 파장이 다른 파장은 굴절각이 달라서 진행 방향이 나뉘는 것이다. 프리즘으로 나뉜 각각의 빛은 파장이 일정하므로 **단색광**이라고 한다. 적색 다이오드는 단색광의 적색광을 발광한다.

프리즘 실험을 통해 인간이 느끼는 색의 차이는 파장의 차이인 듯 보이지만 그렇지 않다. 분산으로 만들어진 빛의 스펙트럼 중에는 갈색처럼 존재하지 않는 색이 있기 때문이다.

그림 2 빛의 분산

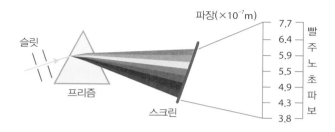

◆빛의 3원색

인간이 색을 느끼는 것은 눈의 망막에 색을 느끼는 시각세포인 원추세포가 있기 때문이다. 원추세포에는 주로 붉은 빛을 느끼는 것, 주로 녹색 빛을 느끼는 것, 주로 푸른 빛을 느끼는 것 등 세 종류가 있다. 그림 3은 세 종류의 원추세포가 느끼는 단색광의 파장 범위와 감도를 나타낸다. 인간은 세 종류의 원추세포가 감지하는 빛의 에너지양 비율에 따라 눈에 들어온 빛을 다양한 색으로 느낀다. 예를 들어, 빨강, 초록, 파랑 세 가지 색이 같은 양씩 섞인 빛은 그림 4와 같이 보인다.

빨강, 초록, 파랑 세 가지 색의 빛을 적절한 비율로 겹쳐서 인간이 느낄 수 있는 모든 색을 만들 수 있기에 빨강, 초록, 파랑 세 가지 색을 빛의 3원

그림 3 세 종류 원추세포의 감도

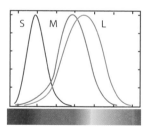

그림 4 빛의 3원색과 그 혼합

색이라고 한다.

빛을 물이나 유리와 같은 투명한 물질에 입사시키면 빛은 흡수되지 않고 투과한다. 유색 반투명 물질에 백색광을 입사시키면 그 색의 빛만 투과한다. 가령 빨간색 반투명 물질은 빨간색 빛만 투과시킨다. 이것이 옛날 신호등에서 빨간색을 만들어내는 방식이다. 이 적색광은 적색 다이오드가 내는 단색광과는 달리 적색 단색광 이외의 빛도 포함해서 붉은색으로 보이는 빛이다.

◆ 색의 3원색

컴퓨터나 컬러 TV 화면처럼 발광하는 화면의 색은 빛의 3원색을 겹쳐서 만들어지지만, 우리 주변에 있는 대부분의 사물은 스스로 빛나지 않는다. 스스로 빛나지 않는 것들의 색은 광원을 받아 빛을 반사하거나 흡수를 통해 생겨난다. 가령 정원의 빨간 꽃은 태양에서 나오는 백색광 중 적색 이외의 빛을 흡수하고 적색 빛만 반사하기 때문에 빨갛게 보인다. 정확히 설명하자면, 적색에 가까운 파장 이외의 빛을 흡수하고 적색에 가까운 파장의 빛을 반사하기 때문에 붉게 보이는 것이다. 반사라고 해도 거울처럼 평평한 면의 반사 법칙에 따른 반사가 아니라 요철이 있는 면이기에 사방으로 난반사하는 것이다.

컬러 프린터에서는 **색의 3원색** 조합으로 모든 색을 표현한다. 색의 3원색은 사이안(청록색), 마젠타(적자색), 옐로(황색)다. 사이안(청록색) 잉크는 백색광에서 붉은빛을 흡수하고 나머지 빛을 반사하기 때문에 청록색으로 보인다. 마젠타(적자색) 잉크는 백색광에서 녹색 빛을 흡수하고 나머지 빛을 반사하기 때문에 적자색으로 보인다. 옐로(황색) 잉크는 백색광에서 청색광을 흡수하고 나머지 빛을 반사하기 때문에 노란색으로 보인다(그림 5).

청록색 잉크와 마젠타색 잉크를 섞으면 백색광에서 적색광과 녹색광을 흡수하고 나머지 청색광을 반사하기 때문에 청색으로 보인다. 3원색 잉크를 모두 섞으면 백색광에서 적색광, 녹색광, 청색광을 모두 흡수하기 때문

그림 5 색의 3원색과 그 혼합

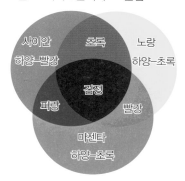

에 아무것도 반사되지 않아 검은색으로 보인다. 그러나 실제로는 완전한 검은색이 되지 않기 때문에 컬러 프린터는 3원색 잉크와 검은색 잉크 총 4색 잉크를 사용해 인쇄하고, 4색 잉크를 어떻게 섞어도 흰색이 되지 않기 때문에 인쇄용지로 흰 종이를 사용하고 흰색 부분은 인쇄하지 않음으로써 흰색을 표현한다.

올컬러 인쇄에서는 빨강, 초록, 파랑의 밝기가 각각 256단계로 되어 있기에 256×256×256×256=16,777,216가지 색상, 즉 약 1,670만 가지의 색상까지 표현할 수 있다.

08 하늘이 파란 이유

달에 간 우주비행사가 낮에 하늘을 보면 칠흑 같은 어둠 속에 태양과 지구만 보일 뿐 푸른 하늘은 보이지 않았다고 한다. 그 이유는 달에는 대기가 없기 때문이다. 대기는 투명하기에 태양 광선은 인간의 눈까지 하나의 광선으로 오는 것처럼 보인다. 따라서 낮에 하늘을 올려다보면 푸른 하늘이 아니라 검은 하늘 속에 태양과 달이 보이는 것이다.

◆공기 분자에 의해 자색광, 청색광이 적색광보다 많이 산란

하늘이 칠흑이 아닌 파란색인 이유는 공기는 분자의 집합체이고, 공기 분자가 빛을 산란시키기 때문이다. 빛의 파장보다 작은 공기 분자에 의한 **빛의 산란**은 영국의 레일리에 의해 계산되었기 때문에 **레일리 산란**이라고 한다. 계산 결과, 빛이 공기 분자에 의해 산란할 확률은 파장의 제곱에 반비례한다. 따라서 파장이 반으로 줄어들면 산란할 확률은 2^4=16배가 된다.

빛의 파장은 적색광 ⇒ 주황색 광 ⇒ 황색광 ⇒ 녹색광 ⇒ 청색광 ⇒ 자색광 순으로 짧아지기 때문에 대기 중에서 산란할 확률은 이 순서대로 커진다. 보라색 빛의 파장은 적색 빛의 파장의 약 1.8분의 1이므로, 보라색 빛은 적색 빛의 1.8^4=13배나 더 많이 산란한다. 따라서 공기 분자에 의해 파장이 짧은 보라색 빛이나 청색광이 파장이 긴 적색광보다 훨씬 더 많이 산란하기 때문에 하늘을 올려다보면 적색광보다 보라색 빛이나 청색광이 더 많이 눈에 들어온다. 하지만 하늘이 보라색이 아닌 파란색으로 보이는 것은 색을 느끼는 시각세포인 원추세포가 보라색 빛보다 파란색 빛에 더 민감하기 때문이다. 이것이 하늘이 푸른 이유다(그림 1).

태양의 고도가 낮아져 햇빛이 눈에 들어오기까지 대기 중 먼 거리를 통과하는 저녁에는 공기 분자에 의해 잘 산란하지 않는 붉은 빛도 서쪽 하늘에 많이 산란하기 때문에 맑은 날 저녁 서쪽 하늘에 붉은 노을을 볼 수 있다 (그림 2).

그림 1 파란 하늘과 흰 구름

그림 2 저녁노을이 진 하늘

◆낮과 밤의 달의 색

낮과 밤에는 달의 색깔이 다르다. 낮의 달 앞에는 푸른 하늘이 있으므로 낮의 달 색은 달에서 나오는 빛의 색과 푸른 하늘의 색이 겹친 색인데 밤의 달의 색 달빛만 무색의 하늘을 통해 보는 색이기 때문이다. 그 결과 밤의 달이 더 노란빛을 띠고 있다.

◆지구는 둥글다!

공기가 맑은 날, 높은 탑에 올라가 성능이 좋은 망원경을 들여다보면 아무리 먼 곳도 볼 수 있다고 생각하는 사람이 있을 것이다. 하지만 바닷가에 사는 사람들은 배가 해안에서 멀어질 때 배가 일률적으로 작아져서 보이지 않는 것이 아니라, 먼저 선체 아래쪽에서 보이지 않고 점차 위쪽으로 갈수록 보이지 않고 마지막으로 돛대 끝이 보이지 않는다는 것을 알고 있다(그림 1). 2,000여 년 전부터 이 현상을 지구가 둥글다는 증거라고 생각한 사람들이 있었다.

◆도쿄 스카이트리의 전망대에서 어디까지 보일까?

지표면은 평면이 아닌 구형이기에 맑은 날에는 높은 탑에 올라가 성능이 좋은 망원경을 들여다봐도 보이는 범위가 제한되어 있다. 높이가 634m인 도쿄 스카이트리에는 높이 450m 지점에 전망대가 있다(그림 2). 그렇다면 이 전망대에서 얼마나 멀리까지 볼 수 있을까?

그림 3과 같이 높이 H의 전망대에 있는 사람 A의 시선이 지표면에 접선이 되는 점 P가 전망대에서 볼 수 있는 한계이다. 전망대에서 보이는 거리 L은 직각삼각형 OAP에 **피타고라스의 정리**를 적용하면 구할 수 있다. 직각을 가로지르는 변의 길이는 L과 지구의 반지름 $R_{지구}$이고, 직각에 대한 변의 길이는 $R_{지구} + H$이므로 삼각형의 정리를 통해

$$L^2 + R_{지구}^2 = (R_{지구} + H)^2 \qquad \therefore L^2 = 2R_{지구}H + H^2$$

라는 관계가 도출되어, 전망대에서 보이는 거리 L은

$$L = \sqrt{2R_{지구}H} \tag{1}$$

임을 알 수 있다. 단, 지구의 반지름 $R_{지구}$ = 6,380km에 비해, 전망대의 높이 H = 0.45km는 매우 작으므로 $2R_{지구}H + H^2$를 $2R_{지구}H$로 근사화했다.

이 식에 $R_{지구}$ = 6,380km, H = 0.45km라는 수치를 넣으면

$$L = \sqrt{2 \times 6380\text{km} \times 0.45\text{km}} = \sqrt{5740\text{km}^2} = 76\text{km} \tag{2}$$

라는 결과를 얻을 수 있다. 이 결과에서 중간에 언덕이나 산이 없다면 오다와라나 미우라 반도의 끝은 보이지만, 우쓰노미야나 마에바시는 보이지 않는다. 또한 $\sqrt{5,740\text{km}^2}$란 제곱하면 5,740km²이 되는 수를 말한다. 식(1)은

그림 1 배의 돛대 끝이 맨 마지막에야 시야에서 사라짐

그림 2 도쿄 스카이트리

그림 3 전망대에 있는 사람 A는 거리가 L인 점 P까지 보임

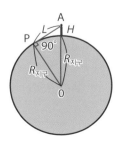

먼 땅의 해발고도와 타워가 세워져 있는 땅의 해발고도가 같을 때 성립하는 식이다.

TV 송신용 안테나는 높이가 634m의 탑 맨 꼭대기 가까이에 설치되기 때문에 TV 전파는 90km 정도 도달한다는 계산이 된다.

◆후지산 정상에서 어디까지 보일까?

해발고도 3,776m인 후지산 정상에서는 어디까지 보일까? 식 (1)의 H에 전망대의 높이가 아닌 후지산의 높이를 넣으면

$$L = \sqrt{2 \times 6380\text{km} \times 3.776\text{km}} = \sqrt{48200\text{km}^2} = 220\text{km} \qquad (3)$$

이 되므로, 후지산 정상으로부터는 220km 떨어진 곳까지 볼 수 있다.

후지산 정상에서 볼 수 있는 곳에서는 반대로 후지산 정상을 볼 수 있다. 이것이 후지산에서 100km 떨어진 도쿄에서 후지산이 보이는 이유이다.

두 가지 계산 결과 (2)와 (3)을 통해 만약 스카이트리의 전망대와 같은 높이의 장소가, 후지산과의 거리가 76km+220km=296km 이내의 위치에 있다면, 중간에 장애물이 없는 한 그곳에서 후지산 정상을 볼 수 있게 된다(그림 4).

◆사모아섬에서 하와이까지 통나무배로 가기

50만~500만 년 전 화산활동으로 만들어진 무인도였던 하와이에 처음 이주한 인류는 약 1000~2000년 전 타히티 등 남태평양 섬에서 통나무배를 타고 온 폴리네시아인들이었다. 그들은 자석도 시계도 없이 하와이와 타히티 사이를 통나무배로 왕복했다고 한다. 남태평양에는 수많은 섬이 있지만, 하와이 제도는 태평양 속에 고립되어 있어서 하와이 제도를 찾기가 어려웠고, 찾지 못하면 해류에 휩쓸려 멀리 떠내려가 태평양을 표류하게 되었다고 한다.

타히티를 떠나 북쪽으로 향하는 통나무배에 탑승한 사람들은 하와이 제

도에 가까워질수록 북쪽 수평선 너머로 떠 있는 특징적인 구름을 찾았다고 한다. 하와이섬에는 해발 4,205m, 마우이섬에는 해발 3,055m의 화산이 있고, 화산 위에는 특징적인 구름이 덮여 있는 경우가 많다는 것을 알고 있었기 때문이다(그림 5).

5km 높이의 구름은 250km 떨어진 곳에서도 볼 수 있다. 구름을 따라 올라가다 보면 어느새 산 정상이 보이고, 이어서 산 중턱이 보일 것이다.

그림 4 높은 곳에서 높은 산을 볼 때   그림 5 하와이에 가까워지면 하와이
　　　　　　　　　　　　　　　　　　　　　　　화산 정상의 구름이 먼저 보임

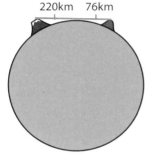

220km　76km

청력검사와 모깃소리의 상관관계

내가 다니는 건강검진센터에서는 청력검사를 시행하고 있다. 공중전화 부스만 한 방에 들어가 헤드폰을 끼고 모기 날갯짓 소리 같은 아주 작은 소리가 들리면 바로 버튼을 누르고, 소리가 들리지 않으면 바로 버튼에서 손가락을 떼는 작업을 반복하는 검사다.

보고서를 보면 1,000Hz와 4,000Hz의 소리에 대해 검사를 진행했으며, 검사 결과 수치를 비교하는 기준치는 1,000Hz의 경우 30dB 미만, 4,000Hz의 경우 40dB 미만이라고 적혀 있다. 기준치 30dB(데시벨)은 얼마나 약한 소리일까?

◆1,000헤르츠의 소리란?

소리에는 높낮이, 강도, 음색의 세 가지 요소가 있다. 소리의 높이는 소리의 진동수이다. 소리가 지나갈 때 1초 동안 공기가 1000번 진동하면 소리의 진동수는 1,000헤르츠라고 하며, 1,000Hz라고 표기한다.

유아용 철제 거문고를 두드려서 도레미파솔라시도 소리를 내면(그림 1), 낮은 도의 진동수는 261.6Hz, 라의 진동수는 440Hz, 높은 도의 진동수는 523.3Hz로, 1옥타브 높은 소리는 진동수가 두 배인 소리이다. 따라서 1,000Hz의 소리는 한 옥타브 더 높은 도에 가까운 소리이다.

성인 남성이 노래할 때 누구나 쉽게 낼 수 있는 음의 진동수는 250~650Hz의 범위이며, 1,000Hz의 음을 쉽게 낼 수 있는 사람은 프로 테너 가수 정도이다. 하지만 높은 소리를 내지 못하는 사람도 낮은 소리를 낼 때 배음으로 1,000Hz 이상의 소리를 낸다. 배음이 어떻게 섞이느냐가 소리의 음색을 결정하는 것이다.

그림 1 유아용 실로폰이 내는 소리의 계명과 진동수

※단위는 헤르츠

◆소리의 세기의 단위인 데시벨

소리의 세기는 귀가 좋은 젊은 사람이 두 귀로 들을 수 있는 최소 소리의 에너지의 몇 배로 표현한다. 하지만 인간이 참을 수 있는 최대 소리의 강도는 최소 소리의 약 1조 배(1,000,000,000,000,000배)이기 때문에 숫자 자체로 표현하기에는 너무 크다. 그래서 이 경우 숫자에 0이 12개가 있으므로 소리의 강도를 120데시벨이라고 하며 120dB로 나타낸다. 일반적인 대화는 약 100만 배(1,000,000배)이므로 약 60dB, 속삭임은 약 1,000배이므로 약 30dB이다. 청력검사의 기준치가 30dB이라는 것은 속삭임이 들리는 청력인지 아닌지가 판단 기준이라는 뜻이다.

◆음파의 진폭은 어느 정도?

음파란 공기 중에 밀도의 변화와 압력의 변화가 파동으로 전달되는 현상이다. 이때 기체 분자들은 집단으로 진동한다. 물리학에 따르면 진동수가 1,000Hz이고 소리의 강도가 30dB일 때 공기의 진동 진폭은 300만분의 1mm이고, 공기의 압력 변동은 1억분의 1기압이다. 수소 원자의 지름이 1000만분의 1mm라는 점을 생각하면 청각기관으로서의 귀의 정교함은 놀라울 따름이다.

청력검사를 받아본 적이 없는 사람들을 위해 청력검사 장비의 예를 그림 2에 제시한다.

그림 2

청력검사 장치 피험자는 헤드폰을 착용하고 오른쪽의 길쭉한 장치 버튼을 눌렀다 뗌. 검사 장치 본체는 검사실 밖에 있음 (제공: 리온)

◆모스키토음

나이가 들어감에 따라 청력이 약해진다. 노인이 되면 귀가 잘 안 들리기 때문에 큰 소리로 말하거나 볼륨을 높여서 TV를 시청하게 된다. 청력 감퇴는 진동수가 높은 쪽, 즉 1,000Hz보다 4,000Hz가 더 심하다. 하지만 젊어도 청력은 점점 약해진다.

최근 모스키토음이 화제가 되고 있다. 모스키토음은 17,000Hz 이상의 고주파수 소리로, 모기가 날아다니는 소리처럼 들린다고 해서 붙여진 이름이라고 한다. 모스키토음이 들리는 것은 20대 초반까지이기 때문에 모스키토음으로 만든 곡을 휴대전화 벨 소리로 만들어 수업 시간에 몰래 문자를 수신하는 고등학생들이 늘고 있다고 한다. 이 벨 소리는 고등학생에게는 들리지만, 교사에게는 들리지 않기 때문이다.

◆초음파

진동수가 20Hz~20,000Hz인 소리를 가청음(可聽音)이라고 하며, 가청음보다 진동수가 커서 사람이 소리로 들을 수 없는 소리를 초음파라고 한다. 초음파의 전달 속도는 음파의 전달 속도와 같으며, 상온의 공기 중에서는 초속 약 340m, 수중에서는 초속 약 1,500m이다.

'진동수' × '파장' = '파동의 속도'이기 때문에 초음파의 파장은 짧다. 파장이 짧은 파동은 직진하는 성질이 있다. 또한 파동은 속도가 다른 부분과의 경계면에 오면 파동 일부는 반사되는 성질이 있다. 그래서 진동수가 수백만 헤르츠인 초음파를 신체에 입사시켜 반사된 파동을 조사해 내부 장기의 상태를 알아보는 초음파 검사(초음파 검사)가 이뤄지고 있다. 피부에서 다양한 거리에 있는 내장의 반사파를 구별할 수 있도록 처리하면 내장의 상태를 알 수 있다. 그림 3에 얻어진 이미지의 예가 나와 있다.

그림 3 초음파로 찍은 태아

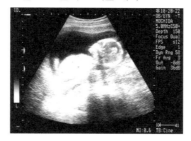

11

스피커를 상자 속에 넣는 이유

제목만 봐서는 무슨 이야기인지 알 수 없을지도 모른다. 학교 음악실에 있는 멋진 오디오 세트를 떠올리면 스피커는 모두 묵직한 나무 상자에 담겨 있다. 하지만 저렴한 제품이라도, 나무가 있든 없든 상관없이 스피커는 모두 상자에 담겨 있고, 그냥 이용하는 모습은 거의 찾아보기 힘들다. 무슨 이유가 있을까?

그림 1과 같이 스피커를 상자에서 꺼내어 소리를 내면 어떻게 들리는지 알아보자. 출력이 같다면 분명히 소리는 작아질 것이다. 음량이 줄어드는 것이다.

그래서 그림 1과 같이 스피커 근처의 앞뒤 위치에 마이크를 설치하고, 스피커가 내는 피라는 단음의 파형을 오실로스코프로 관찰해보자. 그림 2는

그림 1 스피커의 앞뒤에서 나오는 단음의 파형 보기

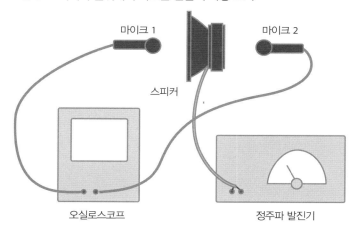

그때의 파형인데, 두 개의 파형이 수평축을 기준으로 서로 반전된 형태임을 알 수 있다. 이런 경우 **위상**이 반대라고 한다. 이 두 파동이 동시에 귀에 도달하면 음파의 **간섭**으로 인해 산과 골짜기가 서로 상쇄되어 약해져 작은 소리로 들릴 것이다. 이것이 실제로 일어나는 일이다. 그래서 스피커에서 뒤쪽으로 나오는 소리가 외부로 새어 나가지 않도록 단단한 상자를 씌워주는 것이다. 이것이 바로 스피커 박스다. 물론 뚜껑을 덮을 뿐이므로 스피커에서 앞으로 나오는 소리의 출력은 변하지 않는다. 그런데도 분명히 음량이 증가한다. 소리의 간섭은 뺄수록 늘어나는 것이 흥미롭다.

그림 2 스피커의 앞뒤에서 나오는 단음의 파형

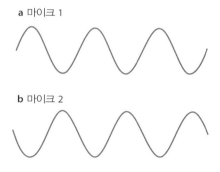

12

도플러 효과와 속도측정기의 관계

도플러 효과라는 이름을 모르는 사람이라도 고속도로에서 사이렌을 울리며 맞은편 차선을 달리던 경찰차가 지나갈 때 사이렌 소리의 높이가 갑자기 낮아지는 것을 경험해 본 적이 있을 것이다. 음원과 소리를 듣는 사람 중 한쪽, 혹은 둘 다 운동할 때 들리는 소리의 진동수(높이)가 음원의 진동수와 다르게 들리는 현상이 도플러 효과다. 1842년 오스트리아의 도플러가 이런 현상이 소리와 빛에 대해 일어날 수 있다는 것을 지적한 이후로 도플러 효과라고 불린다.

◆소리의 도플러 효과

이해를 돕기 위해 소리를 듣는 사람이 정지해 있고 바람이 없는 상태라고 가정해 보자. 무풍 상태라면 모든 방향으로 음파는 같은 속도로 전달된다. 음파는 공기에 대해 일정한 속도로 전달되기 때문에 음원이 어떤 순간에 낸 음파의 파면은 그 순간 음원의 위치를 중심으로 구면으로 퍼진다. 따라서 음원이 오른쪽으로 움직이는 경우, 그림 1과 같이 음원이 나아가는 방향으로는 파장이 짧아지고, 음원이 멀어지는 방향으로는 파장이 길어진다.

진동수는 '소리의 속도 ÷ 파장'이다. 음원이 가까워지면 파장이 짧아지기 때문에 진동수가 증가하고 소리는 높아진다. 음원이 멀어질 때는 파장이 길어지기 때문에 진동수가 감소하고 소리는 낮아진다. 들리는 소리의 진동수 공식을 적어두자(공식을 도출하지는 않지만, 그림 1을 참고해 파장을 계산하면 도출할 수 있다).

$$\text{들리는 소리의 진동수} = \frac{\text{음속}}{\text{음속} - \text{음파의 속도}} \times \text{음원의 진동수}$$

그림 1 음원은 오른쪽으로 이동

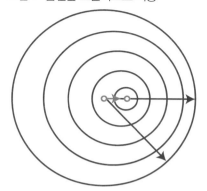

빨간 화살표는 음원의 이동을
나타내며 파란 화살표는 파면의
이동을 나타냄

이다. 상온에서 음속은 초속 340m(340m/s) 정도이다.

◆소리의 도플러 효과의 최초 검증

고속 교통수단이 보편화된 오늘날, 우리는 일상에서 소리의 도플러 효과를 자주 경험한다. 하지만 예전에는 달랐다. 소리의 도플러 효과가 처음으로 실험으로 확인된 것은 1845년이었다. 바로우는 2년 전 막 개통된 네덜란드 위트레흐트와 암스테르담 간 철도에서 지붕이 없는 화차에 악단을 태우고 시속 40마일, 즉 시속 64km(초속 18m)로 달리게 하고 악단에게 일정한 진동수의 소리를 내도록 했다고 한다. 선로 옆에 있던 음악가들에게 화차의 악대가 내는 소리는 화차가 다가올 때는 반음 높게 들렸고, 화차가 지나갈 때는 반음 낮게 들렸다고 한다. 반음 높은 소리란 평균율 음계에서는 진동수가 1.059배 높은 소리를 말한다(그림 2). 도플러 효과의 공식으로 볼 때, 화차가 다가올 때 들리는 소리의 진동수는 340÷(340−18) = 1.056배이므로 만족할 만한 결과이다.

◆속도측정기

야구 투수가 던지는 공의 속도가 시속 155km라든가 160km라든가 할

그림 2

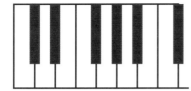

피아노 소리의 진동수 비율. 오른쪽 건반 하나를 누르면 진동수가 1.059배인 소리가 남. 1옥타브에는 12개의 반음이 있으므로 1.059를 12번 곱하면 2가 됨. 수학에서는 이런 수를 2의 12 제곱근이라고 부르며 $2^{\frac{1}{12}}$로 나타냄

그림 3 속도측정기(스피드 건)

때, 공의 속도는 속도측정기로 측정한다. 모양이 권총(gun)을 닮았다고 해서 스피드 건이라 불린다고도 한다(그림 3).

속도측정기는 전자기파의 도플러 효과를 이용한다. 전자기파에는 매질이 없고, 모든 관찰자에게 전자기파는 일정한 속도(광속)로 전달되기 때문에 매질인 공기에 대한 음원의 속도와 관찰자의 속도가 나타나는 소리의 도플러 효과의 공식을 사용할 수 없다. 상대성 이론에 따르면 어떤 속도로 다가오는 물체를 향해 전자기파(마이크로파)를 발사해 다가오는 물체가 반사하는 반사파의 진동수를 관찰하면,

$$진동수_{반사파} = \frac{광속 + 운동물체의\ 속도}{광속 - 운동물체의\ 속도} \times 진동수_{발사파}$$

이다. 따라서 진동수의 차 = 진동수$_{진동파}$ - 진동수$_{발사파}$를 계산하면,

$$진동수의\ 차 = \frac{2 \times 운동물체의\ 속도}{광속 - 운동물체의\ 속도} \times 진동수_{발사파}$$

$$\fallingdotseq \frac{2 \times 운동물체의\ 속도}{광속} \times 진동수_{발사파}$$

이므로 진동수 차이의 측정값에서 내장된 마이크로컴퓨터로 접근하는 '운반체'의 속도를 구해 순식간에 속도를 표시하는 구조로 되어 있다. 발사하는 마이크로파의 진동수는 약 24GHz(240억 헤르츠)이다.

속도측정기에서는 공의 속도뿐만 아니라, 접근하는 자동차의 속도나 휘두르는 방망이의 속도도 측정할 수 있다. 가령 속도측정기에서 마이크로파 대신 초음파를 사용하면 무풍 상태에서는 같은 공식을 사용할 수 있다. 다만 광속 대신 음속을 사용해야 한다. 초음파의 속도(음속)는 온도에 따라 상당히 달라지지만, 광속은 음속에 비해 공기의 온도 변화에 따른 영향이 훨씬 적다. 그래서 측정 결과가 기온과 바람의 영향을 받기 쉬운 초음파보다 마이크로파를 사용하는 속도측정기가 더 우수하다.

13 | 소리가 나는 방향을 아는 방법

눈을 감고 있어도 어느 방향에서 말을 걸었는지 알 수 있다. 귀가 두 개이기 때문일 것이다. 그렇다면 왜 귀가 두 개가 있으면 음원의 방향을 알 수 있는 것일까?

소리는 공기의 밀집 상태의 변화가 파동으로 전달되는 현상이며, 그 속도는 상온에서 초속 약 340m이다. 지금 얼굴 정면에서 각도 θ만큼 오른쪽에서 음파가 전달된다고 하자(그림 1). 파선 AB는 음파의 밀도 상태를 연결한 '음의 밀도 파면'이다. 그림 1은 파면이 오른쪽 귀에 도달한 순간을 나타낸다. 하지만 파면은 아직 왼쪽 귀에는 도달하지 않았다. 왼쪽 귀에 도달하려면 음파는 XY 거리만큼 더 나아가야 한다. 양 귀의 간격 d를 20cm, 각도 θ를 30°라고 하면 XY는 10cm, 즉 0.10m이므로 소리가 XY로 이동하는 데 걸리는 시간은 0.0003초 정도가 된다(0.10÷340=0.0003). 즉 이 경우 왼쪽 귀는 오른쪽 귀에 비해 0.0003초만 늦게 소리를 듣게 된다. 이 정도의 시간 차를 인간의 뇌가 잘 인식할 수 있다는 것은 놀랄 수밖에 없다. 게다가 뇌는 이를 소리가 나는 방향(각도 θ)으로 환산해 인식하도록 프로그램되어 있다.

수중 음속은 초속 1,500m로 공기 중의 약 4배에 달한다. 만약 수중에서 각도 θ가 30°인 방향에서 오는 소리를 듣는다면, 시간 차이는 0.0003초의 약 4분의 1로 줄어든다. 하지만 이를 방향으로 변환하는 프로그램은 변하지 않기 때문에 뇌는 XY가 약 4분의 1이 된 것처럼 느낀다. 따라서 각도 θ도 약 4분의 1이 된 것처럼 느껴지기 때문에 수중에서는 정면에서 오른쪽으로 7°방향에서 오는 소리로 인식하게 된다. 수중에서는 방향을 잘못 인식하는 것이다.

그림 1 소리를 양 귀로 듣기

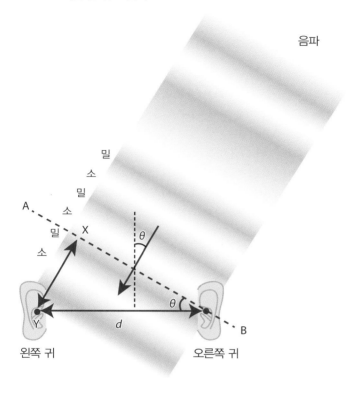

음파

밀
소
밀
소
밀
소

A

X

θ

θ

Y

d

왼쪽 귀

B

오른쪽 귀

14

헬륨 목소리의 원리

마트의 파티용품 코너에 가서 '**헬륨 목소리**'에 사용하는 헬륨이라고 하면 헬륨이 80%, 산소가 20% 들어있는 캔을 건네준다. 내용물이 가벼운 기체이기 때문에 캔도 가볍다.

캔에 인쇄된 '놀이 요령'에는 '먼저 숨을 가득 들이마시고 숨을 내쉰다. 숨을 내쉰 상태에서 코를 막은 후 캔 끝의 노즐을 입에 대고 노즐을 누르면서 캔 안의 가스(인공 공기)를 들이마신다. 들이마신 인공 공기로만 목소리를 내면 높은 목소리로 변한다'라고 적혀 있다.

이것이 바로 헬륨 목소리다. 목소리가 높아져서 들리는지 아닌지 듣는 사람이 판단할 수 있게 하려면 낼 목소리를 미리 들어보게 하면 된다.

미국에서는 헬륨 목소리가 디즈니 영화의 도널드 덕의 목소리를 닮았다고 해서 덕스보이스(오리 목소리)라고도 하는데 어떤 사람은 'TV에서 인터뷰하는 사람의 신원이 확인되지 않도록 뒷모습을 흐리게 처리해 방영할 때 바꿔놓은 음성과 비슷하다'라고 한다.

◆목소리가 높아지는 이유

음파는 공기를 통해 전달되는 종파다. 음속은 분자량이 큰 기체에서는 느리고 분자량이 작은 기체에서는 빠르다. 헬륨이 80%, 산소가 20%인 인공 공기의 실질 분자량은 9.6으로 실질 분자량이 29인 공기의 3분의 1이므로, 인공 공기 속 음속은 공기 중 음속보다 훨씬 빠르다. 실제로 측정해 보면 공기 중의 음속보다 약 1.5배 빠른 것을 알 수 있다.

그림 1은 성대 사진인데, V자형 성대를 가까이하고 성문을 좁히면 폐에서 숨을 내쉴 때 성대는 주기적으로 진동하고 성문이 반복적으로 열리고 닫히면서 간헐적인 압력 변동이 일어난다. 이렇게 성대에서 발생한 소리가

성대에서 입술까지 이어지는 성도의 공명 효과에 의해 입에서 나오는 소리가 된다. 나오는 소리는 정해진 진동수의 음파뿐만 아니라 진동수가 2배, 3배, 4배⋯⋯등의 배음도 반드시 나온다. 배음이 어떻게 섞이느냐에 따라 음색이 결정된다.

그런데 인공 공기를 입에 넣고 같은 높이의 소리를 내려고 발성할 때 성대의 진동수는 인공 공기를 입에 넣지 않았을 때의 진동수와 거의 같다. 하지만 인공 공기를 입에 넣었을 때는 높은 배음이 섞이는 정도가 증가한다. 즉, 음색의 차이로 인해 더 높은 소리로 들리는 것이다.

음파에는 '파장×진동수=음속'이라는 관계가 있다. 성도에서 공명하는 음파의 파장은 성도의 크기에 따라 결정되며, 음속과는 무관하다. 따라서 음속이 큰 인공 공기를 입에 넣으면 진동수가 2배나 3배인 배음이 섞이기 쉽다.

그림 1 열린 상태의 성대

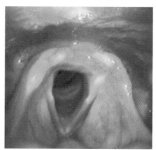

빛은 파장인가 입자인가?

빛이란 무엇일까? 햇빛이 전봇대에 닿으면 땅에 그림자가 생긴다. 햇빛이 직진하기 때문이다. 수면의 파동이나 음파는 직진하지 않기 때문에 빛의 직진은 빛의 입자설의 유력한 근거가 되었다.

그런데 그림 1의 간격이 1mm 이하인 두 개의 얇은 슬릿에 단색광을 비추면 검출 면에 줄무늬가 생긴다(그림 2b). 만약 빛이 입자라면 검출 면에는 두 개의 밝은 선이 보일 것이다. 줄무늬는 빛이 파동임을 나타내며, 줄무늬의 간격에서 파장이 결정된다. 빛이 직진하는 것처럼 보이는 것은 파장이 짧기 때문이다.

하지만 아주 미약한 단색 광원을 사용하면 검출 면에 점의 무리가 관찰된다(그림 2a). 이는 빛이 입자로 관측된다는 것을 나타낸다. 빛의 입자를 광자라고 한다. 그림 2b의 줄무늬는 빛이 파동으로 전달되고, 파동의 강도는 광자가 관찰될 확률

그림 1

두 장의 슬릿   검출 면

의 크고 작음을 나타낸다. 빛은 파동이기도 하고 입자이기도 하다.

그림 2 빛은 파장이기도 하고 입자이기도 함(제공: 하마마쓰 포토닉스)

a

b

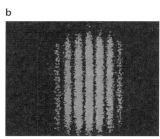

제3장

일상 속 물리학-
힘과 운동에 관한 의문

3장에서는 물리학에서 특히 중요한 힘과 운동에 관한 질문을 다루겠다. 가전제품, 기차 등 일상에서 사용하는 다양한 기기들이 힘과 운동을 이용해 만들어지고 있으므로 우리 주변에서 쉽게 접할 수 있는 제품들을 다시 한번 돌아볼 수 있는 계기가 되었으면 한다.

01 밸런스 버드가 균형을 잡는 이유

그림 1은 밸런스 버드(Balance Bird)라는 장난감이다. 보시다시피 부리 한 점으로 전체를 지탱할 수 있다. 어떻게 이런 일이 가능할까? 이미 아시는 분들도 많겠지만 이것은 모빌과 마찬가지로 물체의 무게중

그림 1 부리의 한 지점에서 균형을 잡음

심을 잘 이용한 장난감으로 그 역사는 오래되었다.

지상에서 몸 주위에 있는 어느 정도 크기의 물체는 그 모든 부분에 **중력**을 받는다. 물체 전체가 받는 중력은 그 합력이다. 그 합력의 작용점을 무게**중심**이라고 부른다(그림 2).

중력은 반드시 물체 내부에 있는 것은 아니다. 예를 들어, 질량이 같은 두 개의 추를 그림 3a와 같이 가벼운 V자형 철사로만 연결한 것은 그 무게중

그림 2 펼쳐지는 물체가 받는 중력

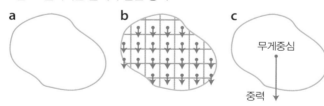

a

펼쳐지는 물체(강체)

b

모든 부분은 중력을 받음

c

무게중심

중력

부분이 받는 중력의 합력이 강체 전체가 받는 중력. 그 작용점이 무게중심

심이 추의 중간 위치에 위치하게 되고, V자형 꼭짓점에 끈으로 매달면 무게중심의 위치가 바로 그 수직 바로 아래에 위치하게 된다(그림 3b). 만약 V자형 정점을 지점으로 해서 이것이 그림 3c와 같이 기울어지면 중력에 의해 회전하는 작용이 발생해 결국 무게중심이 바로 아래로 오게 된다. 기울기가 커질수록 원래대로 돌아가려는 작용이 커지기 때문에 중심이 바로 아래에 있는 상태는 안정된 균형 상태이다. 무게중심이 지점의 수직 바로 위에 있으면 조금만 기울어져도 기울기가 더 커지는 방향으로 회전하는 작용이 발생하기 때문에 이것은 불안정한 균형 상태이다.

그림 3　무게중심 G는 지점 A의 수직 방향 바로 아래에서 안정됨

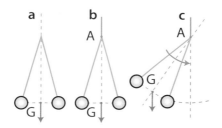

밸런스 버드의 무게중심은 부리 바로 아래 수직으로 놓여 있다(그림 4). 새가 조금만 기울어져도 무게중심이 부리 바로 아래에 오도록 회전해 균형을 잡는다.

그림 4　밸런스 버드의 무게중심

배가 나온 사람이 몸을 뒤로 젖히면서 서는 이유

스모 선수처럼 배가 불룩한 사람이 서 있을 때는 꼭 몸을 뒤로 젖히고 있다. 몸을 숙이면 불안정해서 앞으로 쓰러지기 때문이다. 그 이유를 생각해 보자.

이 문제를 이해하는 열쇠는 무게중심이다. 무게중심은 물체의 각 부분에 작용하는 중력의 합력이 작용하는 지점이다. 이 성질을 이용하면 중력의 중심 위치는 그림 1과 같이 구할 수 있다. 중력에 작용하는 중력과 끈의 장력이 균형을 이루기 때문에 중력은 끈의 바로 아래에 있기 때문이다.

땅 위에 서 있는 사람에게는 지구의 아래쪽으로 향하는 중력 W가 무게중심 G에 작용하고, 발바닥에 땅으로부터 위 방향의 항력 N이 작용한다(그림 2). 발은 두 개이므로 지면은 두 발에 모두 위 방향의 항력을 작용시킨

그림 1 무게중심을 구하는 법   그림 2 신체에는 중력과 항력이 작용

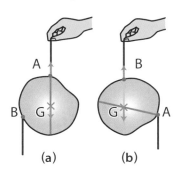

(a)   (b)

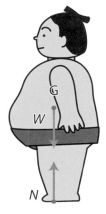

다. 오른발에 작용하는 항력과 왼발에 작용하는 항력의 합력의 작용점은 그림 3의 파란색 선으로 둘러싸인 부분에 있다. 따라서 중력과 항력의 합력이 균형을 이루기 위해서는 무게중심이 이 부분 위에 있어야 한다.

배가 나온 사람이 뒤로 젖히면서 서지 않으면 무게중심이 발끝보다 앞으로 나오기 때문에 앞으로 고꾸라지는 것이다.

◆한쪽 발로 서면 쉽게 불안정

한 발로 서 있을 때는 한쪽 발바닥과 땅의 접촉면이라는 좁은 면적 위에 무게중심이 있어야 한다. 그래서 몸이 조금만 좌우로 흔들리면 불안정해져 넘어지는 것이다.

◆오뚝이

중력이 지면과의 접촉면 위에 있지 않은 경우, 중력이 접촉면 위에 있는 것처럼 복원력이 작용하는 경우가 있다. 속이 빈 구의 내면에 추를 부착한 그림 4의 일어서서 엎드린 것이 그 예이다.

오뚝이를 기울여도 원래의 자세로 돌아가는 것도 같은 원리에 근거한다. 가족들에게 오뚝이가 일곱 번 넘어지고 여덟 번 일어선다고 하는 이유를 설명해 주길 바란다.

그림 3 무게중심은 파란 선으로   그림 4 오뚝이
　　　　둘러싸인 영역 위에 있음

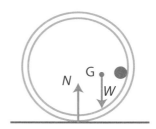

구불구불한 철사를 양손으로 잡고 세게 잡아당겨도 곧게 펴지지 않지만, 철사의 양쪽 끝을 고정하고 가운데를 세게 당기면 쉽게 펴진다(그림 1). 그 이유를 생각해 보자.

양 끝을 고정한 철사의 중앙을 힘 F로 아래로 당기면 철사에 장력 F'가 생긴다(그림 2). 양측 부분 장력의 수직 방향 성분이 아래쪽 힘 F와 균형을 이루기 위해서는 장력 F'의 강도가 손의 힘 F보다 훨씬 더 강해야 한다.

한다. 그래서 손의 힘이 몇 배로 증폭된 강한 장력의 작용으로 철사는 곧게 펴지는 것이다.

그림 1 철사를 펴려면?

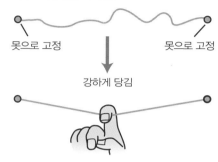

못으로 고정　　　　못으로 고정

강하게 당김

그림 2 힘의 균형

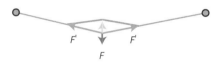

F'　　F'

F

그림 3 일직선으로 만들 수 없는 끈

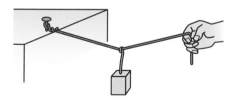

그림 3과 같이 짐을 중앙에 매달아 놓은 끈의 한쪽 끝을 고정하고 다른

쪽 끝을 세게 잡아당기면 아무리 세게 잡아당겨도 끈을 일직선으로 만들 수 없다. 끈이 일직선이 되면 짐이 작용하는 힘과 균형을 이루는 위쪽의 힘을 끈이 작용할 수 없기 때문이다.

짐을 매달지 않더라도 끈에는 질량이 있으므로 끈을 아무리 세게 옆으로 잡아당겨도 엄밀하게 일직선이 될 수 없다. 굵은 케이블을 두 기둥 사이에 걸면 케이블의 무게 때문에 가운데 부분이 늘어진다. 이 곡선을 **현수 곡선**이라고 한다. 기둥의 간격이 넓으면 높은 기둥을 세워 케이블을 매달아 놓지 않으면 케이블의 장력이 커져 끊어질 위험이 있다.

전철에 전력을 보내는 송전선이 최대한 직선이 되도록 그림 5와 같이 이중으로 늘어져 있는 이유도 이해할 수 있을 것이다.

그림 4 현수 곡선

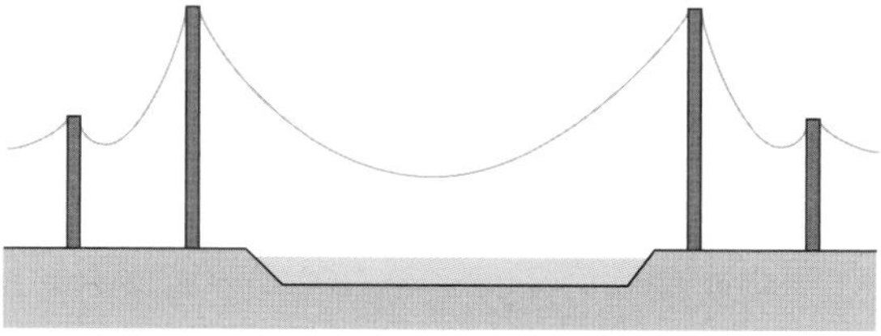

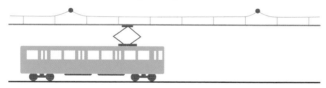

그림 5 전철의 집전장치로 향하는 송전선

깊은 우물의 깊이를 재는 방법

깊은 우물의 깊이를 쉽게 측정할 방법으로 돌을 떨어뜨려 돌이 수면에 닿아 '퐁'하는 소리가 날 때까지의 시간을 측정하는 방법이 있다. 이 방법은 바닷가 절벽의 높이를 측정할 때도 사용할 수 있고, 높이와 깊이를 편리하게 측정하는 방법이라 소개하고자 한다.

물리학의 창시자라 할 수 있는 갈릴레오는 피사의 사탑에서 무거운 쇠구슬과 가벼운 쇠구슬을 동시에 떨어뜨려 동시에 땅에 떨어지는 것을 보여줬다는 전설이 있다. 갈릴레오는 공기의 저항을 무시할 수 있다면 모든 물체는 같은 가속도로 떨어질 것이라고 주장했다. 가속도란 시간에 따라 속도가 변하는 비율로, 자동차의 액셀이나 브레이크를 밟으면 체감할 수 있다.

현재 갈릴레오의 주장은 확인되었고, 공기의 저항을 무시할 수 있다면 모든 물체의 공중 낙하 속도는 초당 초속이 약 10m씩 증가한다는 것이 확인되었다(더 정확하게는 10m가 아닌 9.8m). 예를 들어, 초속이 0인 자유낙하의 경우,

낙하 시간이 1초라면 속도는 초당 10m이다,
낙하 시간이 2초라면 속도는 초당 20m이다,
낙하 시간이 3초라면 속도는 초당 30m이다,
....

가 된다. 이 1초당 초속이 약 10m씩 증가한다는 가속도를 **중력가속도**라고 한다(물리학에서는 g라는 기호로 표현하며, 속도 v와 낙하 시간 t의 비례관계를 $v=gt$라는 식으로 표현).

낙하 거리는 낙하의 평균 속도 × 낙하 시간이다. 낙하 시간이 1초일 때

의 평균 속도는 초속 10m의 절반인 초속 5m이기 때문이다.

　　낙하 시간이 1초라면 낙하 거리는 5m,
　　낙하 시간이 2초라면 낙하 거리는 20m(평균 속도는 초속 10m)이다.
　　낙하 시간이 3초라면 낙하 거리는 45m(평균 속도는 초당 15m)이다.
　　………………………

이다. 이 결과에서 낙하 거리 d의 단위를 미터, 낙하 시간 t의 단위를 초로 하면,

$$낙하\ 거리 = 5 \times (낙하\ 시간)^2$$

이다(물리학에서는 이를 $d = \frac{1}{2}gt^2$이라는 식으로 표현).

　　따라서 깊은 우물에 돌을 떨어뜨린 후 '펑'하는 소리가 들리기까지의 시간이 1.4초라면 $5 \times 1.4 \times 1.4 \times 1.4 = 9.8$이므로 돌의 낙하 거리, 즉 우물의 깊이는 9.8m라는 것을 알 수 있다. 참고로 이 계산은 소리가 수면을 통해 전달되는 시간(약 0.03초)을 무시한 것이다.

그림 1　피사의 사탑과 대성당

05

신경의 반응 시간 알아보기

자동차를 운전하다가 아이가 차도로 뛰어나오는 것을 발견하면 브레이크를 밟는다. 이처럼 어떤 일이 일어나고 나서 그것을 발견하고 적절한 행동을 취하기까지의 시간을 신경 반응 시간이라고 한다. 반응 시간이 짧을수록 사고 발생 확률이 낮아진다.

신경의 반응 시간을 측정하는 간단한 방법이 있는데, A씨가 천 원짜리 지폐의 윗부분을 손가락으로 끼고, B씨가 천 원짜리 지폐의 아랫부분 부근에서 엄지와 검지를 펴고 기다리고 있다(그림 1). A씨가 손가락을 펴고 천 원짜리 지폐가 떨어지기 시작했을 때 B씨가 알아차리고 손가락을 닫고 천 원짜리 지폐를 잡을 때까지의 천 원짜리 지폐의 낙하 거리를 자로 측정하는 방법이다.

이 경우 '천 원짜리 지폐의 낙하 시간' = '신경의 반응 시간'이므로, 천 원짜리 지폐의 '낙하 시간'과 '낙하 거리'의 관계를 알면 '낙하 거리'에서 '신경의 반응 시간'을 알 수 있다.

그런데 '깊은 우물의 깊이를 재는 방법'에서 낙하 거리는 낙하 시간의 제곱에 비례한다고 설명하고, 길이의 단위는 미터, 시간의 단위는 초를 선택하면 낙하 거리=5×(낙하 시간)²가 된다는 것을 보여줬다. 길이의 단위로 cm를 선택하면 1m=100cm이므로 이 공식은

$$낙하\ 거리 = 500 \times (낙하\ 시간)^2$$

이 된다. 이 공식이 실제로 성립하는 것은 자유낙하를 하는 금속 구에 30분의 1초마다 빛을 비춰 촬영한 그림 2의 스트로보 사진에서 확인할 수 있다. 자 눈금은 cm이다.

이 관계에서

$$\text{낙하 시간} = \sqrt{(\text{낙하 거리}) \div 500}$$

이라는 관계가 도출되므로 천 원 지폐의 낙하 거리가 16cm라고 하면,

$$\text{반응 시간} = \sqrt{16 \div 500} = \sqrt{0.032} = 0.18$$

즉 0.18초이다($\sqrt{\ }$(루트)의 계산은 함수 계산기로 가능). 상대를 찾아 자신의 신경 반응 시간을 알아보자.

자동차의 시속이 36km(초속 10m)라면 0.18초 동안 1.8m를 주행한다. 브레이크를 밟고 멈출 때까지 몇 미터를 더 주행한다. 천 원짜리 지폐가 떨어지는 경우처럼 어디서 무엇이 일어날지 알고 있는 경우의 신경 반응 시간은 짧지만, 어디서 무엇이 일어날지 미리 알 수 없는 경우의 반응 시간은 길어진다. 자동차 운전 중에는 운전에 집중해야 한다.

그림 1 천 원짜리 지폐를 잡는 위치

천 원짜리

그림 2 금속 구가 자유낙하를
하는 스트로보 사진

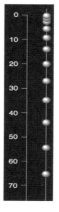

06

새총과 원숭이의 지혜

나뭇가지에 매달려 있는 원숭이 한 마리가 있었다. 그런데 지상에서 원숭이를 향해 새총을 조준하고 있는 나쁜 아이가 있다. 이때 원숭이는 생각했다. 새총이 발사되는 순간 자신이 나뭇가지에서 손을 놓으면 돌멩이가 머리 위를 지나쳐서 맞지 않을 것이다. 그러니 모르는 척하고 있다가 발사되는 순간 손을 놓아 후회하게 만들자.

이 이야기는 외국에서는 물리학의 고전적 교재가 되었기에, 어디선가 들어본 적이 있을 것이다. 하지만 안타깝게도 원숭이의 뜻대로 되지 않았다. 만약 중력이 작용하지 않는다면, 원숭이는 관성의 법칙에 따라 등속 직선 운동을 하며 매달려 있는 위치 P에 도달할 것이다. 하지만 실제로는 중력이 작용하기 때문에 시간 t가 지나면 돌멩이의 위치는 위치 P보다 $\frac{1}{2}gt^2$만큼 떨어진 위치 Q가 된다. 이때 거리 $\frac{1}{2}gt^2$만큼 자유낙하를 한 원숭이의 위치도 점 Q이므로, 돌멩이는 반드시 원숭이에게 명중하게 되는 것이다.

그림 1 원숭이를 향해 새총 쏘기

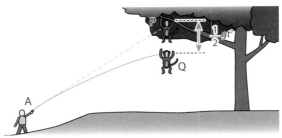

원숭이의 위치(점 P)를 향해 돌멩이를 쏨. 그 순간 원숭이가 점 P에서 자유낙하를 하면 돌멩이도 원숭이도 동시에 점 Q에 도달함

원숭이의 예상은 좋은 발상에서 나온 것이지만 지혜가 조금 부족했다는 것이 결론이다.

원숭이가 등장하는 예시를 하나 더. 가벼운 톱니바퀴에 걸린 밧줄의 한쪽 끝에는 원숭이, 다른 한쪽 끝에는 원숭이와 질량이 같은 거울이 매달려 있다(그림 2). 원숭이는 거울에 비친 자기 모습을 보고 적이 눈앞에 있다고 착각해 겁에 질려 있다. 그래서 원숭이는 밧줄을 타고 위로 도망치거나 아래로 도망치거나, 밧줄에서 손을 떼는데……. 거울은 항상 원숭이의 눈앞에 있고, 원숭이의 수난은 계속된다. 그 이유는 여러분 스스로 생각해 보자.

그림 2 도르래에 매달린 같은 질량의 거울과 원숭이

원숭이가 거울에서 벗어나려면?
(줄과 도르래의 질량은 무시)

07

불꽃놀이가 구형으로 보이는 이유

밤하늘을 수놓는 커다란 불꽃놀이는 일본 여름의 대표적인 볼거리다. 그런데 이 커다란 불꽃은 왜 구형으로 보일까? 지구상에서는 중력이 작용하기 때문에 아무리 불꽃이라 할지라도 투사체는 모두 포물선을 그리게 되어 있다.

중력이 작용하지 않는 경우, 어느 한 지점에 정지해 있던 불꽃이 터졌다고 가정해 보자. 파편은 그 지점에서 등속력으로 사방으로 튀어나와 일정 거리 r만큼 나아간 곳에서 발광한다고 하자(그림 1). 이를 멀리서 보면 깨끗한 빛의 구면을 볼 수 있을 것이다. 중력이 작용하는 지상에서는 어떨까?

그림 1 중력이 없는 공간에서의 불꽃놀이

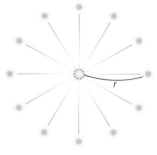

그림 2는 각도 θ 방향으로 속도 v로 튀어나온 물체의 궤적을 나타낸다. 녹색 선은 중력이 작용하지 않는 경우로, 물체는 이 방향으로 속도 v의 등속 직선 운동을 한다. 중력이 수직 방향 아래쪽으로 작용하기 때문에 시간 t가 지났을 때 물체의 위치는 중력이 작용하지 않을 때의 위치에서 수직 방

향 아래쪽으로 시간의 제곱에 비례하는 거리인 $\frac{1}{2}gt^2$만큼 떨어진 곳이 된다. 그 결과 물체의 궤적은 그림 2처럼 포물선을 그린다.

발사되어 최고점에서 터진 불꽃놀이 공에서 모든 방향으로 투사된 불꽃 파편이 이런 포물선을 그리며 일정 시간 후에 발광하면 그림 3과 같이 깨끗한 구면을 볼 수 있다. 점선은 중력이 작용하지 않는 경우이다. 중력 때문에 이 점선의 구면이 자유낙하를 한 곳에 큰 불꽃의 구면이 형성된다. 불꽃을 실제로 보면 불꽃의 무게중심이 중력에 의해 자유낙하를 하는 모습을 볼 수 있다.

그림 2 포물선 운동

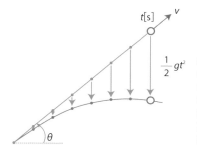

녹색 선은 중력이 없는 공간에서 물체의 궤적이며 녹색 점들은 그때의 일정 시간마다의 위치를 나타냄. 물체는 속도 v의 등속직선 운동을 함. 파란색 선과 점은 물체가 중력을 받아 운동할 때의 궤적과 위치. 시간 t[s] 후 파란색 점은 녹색 점보다 $\frac{1}{2}gt^2$만큼 떨어지고 있음. 궤적은 포물선

그림 3 불꽃놀이 구면의 자유낙하

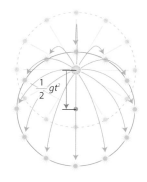

중력을 받아 운동하면 모든 물체의 위치는 중력을 받지 않을 때보다 $\frac{1}{2}gt^2$만큼 아래로 떨어진 위치. 하지만 큰 고리의 모양은 같은 원형

08

슬로모션 촬영으로 괴수 영화를 찍는 이유

옛날 특수촬영 영화에서는 고질라 등과 같은 거대 생물이 건물을 마구잡이로 파괴하고 난동을 부린다. 일본의 주요 도시가 지금까지 몇 번이나 파괴되었는지 알 수 없을 정도다.

일본의 전통적인 괴수 특수촬영 영화에서는 사람이 괴수 안에 들어가 연기를 하는 것이 대부분이다. 하지만 그냥 그대로 촬영하는 것만으로는 현장감이 부족하다. 진짜처럼 보이지 않는 것이다. 어쩔 수 없이 어떤 노력이 필요하게 된다. 바로 **슬로모션 촬영**이다. 왜 그럴까?

고질라를 포함해 촬영장에 실물의 16분의 1 모형($\frac{1}{16}$ 배 모형)을 준비했다고 가정해 보자. 이를 촬영하고 도망치는 배우의 배경에 잘 합성한다고 해도, 그대로는 진짜 같지 않다. 괴수가 던진 탱크 모형이 2m를 떨어뜨려도 그 16배 높이에 해당하는 32m를 떨어뜨린 것처럼 보이지 않기 때문이다. 그 원인은 낙하 시간이다. 모형 전차를 16배로 보이도록 촬영할 뿐만 아니라, 모형 전차가 32m 높이에서 떨어질 때의 시간만큼 떨어지게 해야 하는 것이다. 그래서 슬로모션 촬영이 이루어진다.

'깊은 우물의 깊이를 측정하는 방법은?'에서 설명했듯이, 공중에서 물체를 떨어뜨리면 그 질량에 상관없이 미터를 단위로 측정한 낙하 거리와 초를 단위로 측정한 낙하 시간의 관계는

$$낙하 \ 거리 = 5 \times (낙하 \ 시간)^2$$

이다. 낙하 거리는 낙하 시간의 제곱에 비례하기 때문에 낙하 거리가 16배($=4 \times 4$배)가 되는 것처럼 보이게 하려면 낙하 시간을 4배로 늘리는 슬로모션 촬영을 해야 한다.

실물의 25분의 1 모형($\frac{1}{25}$배 모형)을 사용할 때는 낙하 시간을 5배로 늘리는 슬로모션 촬영을 해야 한다.

 좀 더 일반적으로 표현하면 '실물의 N^2분의 1 모형($\frac{1}{N^2}$배 모형)의 세계를 현실 세계에 대응시키려면 시간의 경과를 N배로 늘려야 한다'라는 것이다. 그 기초가 되는 것이 공중에서의 자유낙하로 이루어진다.

$$\text{낙하 거리} = 5 \times (\text{낙하 시간})^2$$

(거리의 단위는 m, 시간의 단위는 초)

이라는 관계이다.

09

종이 그릇으로
낙하와 공기 저항의 관계 알아보기

고대 그리스의 아리스토텔레스는 '공중에서 물체를 자유낙하 시키면 모든 물체는 떨어지기 시작하자마자 무게(질량)에 비례하는 일정한 속도로 떨어진다'라고 주장했다. 이에 대해 갈릴레오는 '공기의 저항이 무시할 수 있을 때 모든 물체의 속도는 시간에 비례해 증가한다'라고 주장했다. 현재는 공기 저항을 무시할 수 있을 때 모든 물체의 낙하 속도는 시간이 1초가 지날 때마다 초속 9.8m씩 증가하는 것으로 확인되고 있다. 그렇다면 공기 저항을 무시할 수 없을 때 낙하 운동은 어떻게 될까?

납추와 도시락 반찬통과 같은 종이 그릇을 사용하면 낙하와 공기 저항의 관계를 잘 알 수 있다. 그림 1과 같이 그릇 한 개부터 4개를 겹친 것까지 4가지를 준비한다. 이를 조용히 떨어뜨리고 비디오카메라로 촬영한다. 'MOA-2D(인터넷에서 무료로 내려받을 수 있는 니가타대학 교육학부가 개발한 무료 소프트웨어)' 등의 비디오 분석 소프트웨어를 이용하면 낙하 속도와 시간의 관계 그래프를 쉽게 그릴 수 있다(그림 2).

납추의 경우 공기 저항을 무시할 수 있으므로 낙하 속도가 초당 초속 9.8m(9.8m/s)씩 증가하는 것을 알 수 있다. 그릇도 떨어지기 시작할 때 속도가 느리고 공기 저항을 무시할 수 있는 경우에는 납추와 같이 떨어지지만, 공기 저항으로 인해 금방 미끄러져 그릇 한 개일 때는 떨어지기 시작하고 0.5초 정도 지나면 낙하 속도가 일정해진다. 공기 저항이 증가해 중력과 균형을 이루기 때문에 등속 운동을 하는 것이다(그림 3). 이 일정한 속도를 종단 속도라고 한다.

아리스토텔레스는 종단 속도는 물체의 질량에 비례한다고 주장했다고 생각할 수도 있다. 이 실험의 경우, 그릇의 질량은 개수에 비례한다. 그림 2의 실험 결과는 종단 속도의 비율이 1:1.4:1.7:2($1\sqrt{2}:\sqrt{3}:\sqrt{4}$), 즉 질량(개수)의 제곱근에 비례하는 것을 알 수 있다. 이 사실은 종이 그릇이 중력 외에 속도의 제곱에 비례하는 공기 저항을 받아 떨어진다고 생각하면 '공기 저항=중력'이라는 관계에서 도출된다. 그릇의 개수와 무관하게 공기 저항은 종단 속도의 제곱에 비례하고, 중력은 그릇의 개수(질량)에 비례하므로 '공기 저항=중력'보다 종단 속도는 질량의 제곱근에 비례한다는 사실을 알 수 있다.

그림 1 도시락용 종이 그릇을 1~4개 겹침

그림 2 물체의 속도—시간 그래프

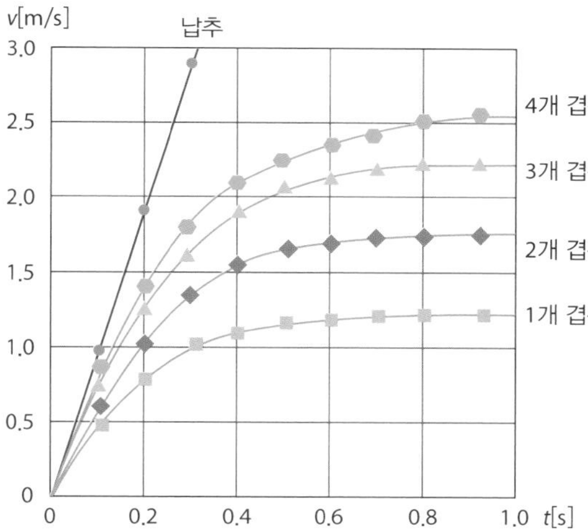

그림 3 등속 운동

책상 위에 10원짜리 동전 2개를 띄워놓고 한쪽을 손가락으로 튕겨서 다른 쪽에 정면으로 충돌시키면 어떻게 될까(그림 1)? 동전 지갑에서 10원짜리 동전 2개를 꺼내어 실험하면, 부딪힌 10원짜리 동전은 움직이기 시작하지만, 부딪힌 10원짜리 동전은 정지한다.

이번에는 그림 2와 같이 10원짜리 동전을 2개 혹은 3개를 나란히 놓고 그 위에 10원짜리 동전을 오른쪽에서 부딪치면 맨 왼쪽의 10원짜리 동전만 움직이고 부딪힌 10원짜리 동전은 정지한다. 이 현상은 그림 1의 충돌의 반복이라고 생각하면 쉽게 이해할 수 있다.

그림 1 10원짜리의 충돌

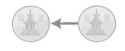

그림 2 10원짜리 동전을 늘리면…

(a) 10원짜리 동전 세 개 충돌
(b) 10원짜리 동전 네 개 충돌

◆공 두 개를 충돌하는 실험

정지한 물체에 같은 질량의 물체를 충돌시키면 부딪친 물체는 정지하고, 부딪힌 물체는 같은 속도로 움직이기 시작하는 현상은 역사적으로 그림 3과 같은 실험에서 발견되었다. 같은 크기의 쇠구슬 두 개를 같은 길이의 실로 매달아 놓았다. 구슬 A를 들어 올리고 손을 놓으면, 구슬 A는 정지해 있던 다른 구슬 B와 정면으로 충돌한다. 그러면 구슬 A는 거의 정지하고, 구슬 B가 움직이기 시작해서 거의 같은 높이까지 올라간다.

이 충돌 실험을 응용한 장난감이 그림 4에 보이는 가는 철사에 매달린 강철 공으로 만든 장난감이다. 가장 왼쪽에 있는 공 하나를 비스듬히 들어 올렸다가 손을 놓으면 충돌 후 가장 오른쪽에 있는 공이 위로 올라간다. 가장 왼쪽의 공을 2개 비스듬히 들어 올렸다가 손을 놓으면 충돌 후 가장 오른쪽의 공 2개가 위로 올라간다. 이 현상은 그림 3의 충돌이 반복된다고 생각하면 이해할 수 있다.

◆운동량과 운동에너지

그림 3의 충돌 현상은 충돌 직전의 운동량의 합과 충돌 직후의 운동량의 합이 같다는 운동량 보존 법칙과 충돌 직전의 운동에너지의 합과 충돌 직후의 운동에너지의 합이 같다는 운동에너지 보존 법칙으로 설명된다. 운동량과 운동에너지도 운동의 세기를 표현하는 양으로,

$$운동량 = 질량 \times 속도 \text{ 는 운동의 방향을 향한 벡터양}$$
$$운동에너지 = \frac{1}{2} \times 질량 \times 속도^2 \text{ 는 방향이 없는 스칼라양}$$

이다. 증명은 어렵지 않지만 생략하겠다.

그림 3 두 개의 같은 금속 구의 충돌   그림 4 쇠공이 충돌하는 장난감

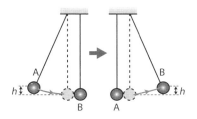
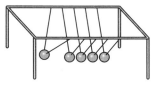

11 | 가우스 가속기

'가우스 가속기'라는 '재미있는 실험'을 알고 있는가? 오랫동안 물리학을 가르치다 보면 대부분의 물리학 실험에 대해 잘 알고 있기에 어떤 실험을 보여줘도 그다지 놀랄 일이 없다. 하지만 그런 나도 이때만큼은 조금 흥분했다.

지름 1cm 정도의 쇠구슬 3개와 이와 비슷한 크기의 구형 네오디뮴 자석 1개, 그리고 단면이 오목한 알루미늄 막대를 준비한다. 쇠구슬 2개와 네오디뮴 자석 구슬 1개를 그림 1과 같은 순서로 오목한 레일 위에 놓는다. 나머지 쇠구슬 1개를 자석 구슬 쪽에서 조심히 충돌시키면, 레일 위의 공은 어떤 움직임을 보일까? 사람들 대부분은 굴러온 쇠구슬 1이 자석 구슬에 달라붙어 버릴 거로 예상한다.

10원짜리 동전 충돌 실험을 아는 사람은 조용히 굴린 쇠구슬 1이 자석 구슬에 달라붙고 쇠구슬 2만 천천히 움직이기 시작할 것이라고 예상할 수 있다.

하지만 결과는 놀랍다. 그림 1b에서 볼 수 있듯이 반대편에 있는 쇠구슬

그림 1 가우스 가속기 실험

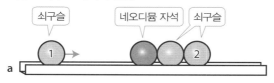

2가 빠른 속도로 튀어나오는 것이다. 쇠구슬 1(사입구)의 초속이 아무리 작아도 쇠구슬 2(사출구)의 속도는 1.8m/s에 달한다. 쇠구슬은 도대체 어디서 이토록 큰 운동에너지를 얻는 것일까?

네오디뮴 자석은 1982년 사가와 신토가 발명한 현재로서는 가장 강력한 영구 자석이다. 쇠구슬 1은 네오디뮴 자석 구슬의 강한 자력에 이끌려 가속되어 강하게 충돌한다. 충돌하는 순간 에너지가 탄성 진동의 파동으로 구 내부에 전달되어 쇠구슬 2를 튕겨낸다. 오른쪽으로 튕겨 나간 쇠구슬 2는 네오디뮴 자석 구슬의 자력에 의해 감속되지만, 사이에 쇠구슬 1개가 끼어 있기에 감속하는 자력은 사입 구슬을 가속한 자력보다 약하다. 가우스 가속기는 자력이 일을 하는 능력, 즉 자기에너지를 운동에너지로 바꾸는 것이다.

그림 2 사입 구슬과 사출 구슬

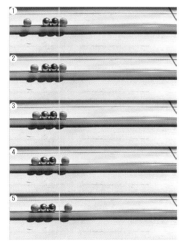

12 전철이 급브레이크를 밟았을 때 풍선의 변화

기차가 급브레이크를 밟으면 서 있는 승객은 진행 방향으로 넘어질 것 같다(그림 1). 이때 승객은 앞으로의 힘을 받았다고 느낀다. 누가 승객을 앞으로 밀었을까? 실제로는 승객의 신발 밑창이 열차 바닥에서 뒤쪽을 향하는 힘을 받지만, 승객에게 앞쪽을 향하는 힘은 작용하지 않는다.

그렇다면 급제동한 열차의 매달린 손잡이는 어떤 상태가 될까? 매달린 손잡이는 관성에 의해 계속 전진하려고 하지만, 매달린 손잡이의 상단은 제동된 열차의 천장에 고정되어 있어 천장에서 후진하는 힘을 받게 된다. 그래서 매달린 손잡이는 그림 1과 같이 기울어진다.

그림 1 급브레이크를 밟은 전철 안

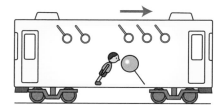

천장에 매달려 있는 모든 것이 매달린 손잡이와 같은 방향으로 기울어지므로, 겉보기 중력이 매달린 손잡이의 방향에 작용하고 있다고 생각하면 급제동한 차내 상황을 쉽게 이해할 수 있다.

그렇다면 헬륨 가스가 들어있는 풍선 끈을 기차 바닥에 고정하면 어떻게 될까? 관성으로 인해 풍선은 앞으로 나아가려고 하지만, 끈의 끝이 제동된 열차 바닥에 고정되어 있으므로 풍선 끈이 승객과 같은 방향으로 기울어질까? 실제로 실험해 보면 그렇지 않고, 오히려 손잡이와 평행이 되도록 기울어진다(그림 1). 왜 그럴까?

풍선에 작용하는 힘은 풍선 속 헬륨 가스에 작용하는 중력과 풍선이 받는 부력의 차이이다. **아르키메데스의 원리**에 따르면, 부력은 풍선의 공기를 제거한 공기에 작용하는 중력과 같다. 따라서 급브레이크를 밟고 있는 기차 안에서는 중력 대신 겉보기 중력을 생각하고, 부력 대신 겉보기 부력이 작용한다고 생각하면 된다.

급브레이크를 밟으면 차 안의 공기가 앞으로 이동하기 때문에 열차 앞쪽의 기압이 뒤쪽의 기압보다 높아져 수평이었던 등압 면(그림 2)이 그림 3과 같이 기울어진다. 겉보기 중력의 방향도 겉보기 부력의 방향도 기울어진 공기의 등압 면에 수직인 방향이므로, 급제동한 기차 안의 풍선 실은 겉보기 중력의 방향을 향하고 있는 손잡이와 같은 방향을 향하게 된다.

그림 2 등속 직선 운동하는 전철 안의 등압 면은 수평

그림 3 급브레이크를 밟으면 전철 안의 등압 면은 기욺

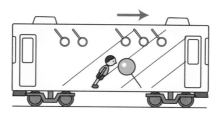

직선도로를 고속으로 달리던 자동차는 도로가 갑자기 급커브길로 접어들면 도로에서 튕겨 나갈 수 있다. 직선도로를 달려온 자동차는 굽은 방향을 향한 힘이 작용하지 않으면 관성의 법칙에 따라 계속 직진하기 때문이다. 급커브길에서 자동차나 기차의 안전한 운전법을 물리학의 입장에서 생각해 보자.

◆커브를 돌게 하는 힘은 구심력

원운동에서는 운동의 방향이 원의 중심 쪽으로 계속 바뀌기 때문에 원 궤도를 일정한 속도로 계속 달리기 위해서는 원 궤도의 중심을 향하고 크기가 '질량×(속도)^2÷반지름'인 힘이 계속 작용해야 한다(그림 1). 이 힘은 원 궤도의 중심을 향하고 있으므로 구심력이라고 한다. 필요한 크기의 구심력이 작용하지 않으면 차는 회전하지 못하고 도로에서 튕겨 나가게 된다.

노면이 수평이라면, 구심력은 노면이 타이어에 옆으로 작용하는 마찰력뿐이다(그림 2). 북국의 얼어붙은 노면은 타이어에 큰 마찰을 작용할 수 없기에 과속하면 자동차가 커브 길 도로에서 튀어나올 위험이 크다.

그림 1 **구심력**   그림 2 **구심력은 마찰력**

구심력

$$= 질량 \times \frac{속도^2}{반지름}$$

마찰력   마찰력

고속도로와 같이 노면이 원 궤도의 중심을 향해 낮아져 있는 경우에는 노면이 타이어에 수직으로 작용하는 항력의 수평 방향 성분이 구심력이 되기 때문에 고속으로 주행해도 큰 마찰력이 작용하지 않아도 된다. 그림 3은 항력의 수평 방향 성분이 필요한 구심력의 크기와 같은 예이다.

그림 3 **구심력은 노면에 수직한 항력의 수평 방향 성분**

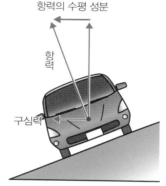

◆**원심력**

그런데 '질량'×'가속도'='힘'이라는 **뉴턴의 운동법칙**은 지상에 정지해 있는 사람이나 지면에 대해 등속 직선운동을 하는 사람에게는 성립하지만, 원운동을 하는 사람에게는 성립하지 않는다. 하지만 물리학을 배우지 않은 운전자는 자신은 자동차 안에서 정지해 있기에 자동차에 작용하는 힘은 서로 맞물려서 그 합력이 0이라고 느낀다. 즉 원 궤도의 중심을 향한 지향성 힘과 균형을 이루는 외향적 원심력이 작용하고 있다고 느낀다.

따라서 커브를 고속으로 달릴 때 사고 가능성을 적절히 판단하고 안전하게 주행하기 위해서는 운전자가 가지고 있는 '외향성 원심력이 작용한다'라는 선입견을 바탕으로 판단하는 것이 무난하다.

원심력의 크기는 구심력의 크기와 같으므로 자동차 속도의 제곱에 비례하고, 곡선의 반지름에 반비례한다. 즉 속도가 2배가 되면 원심력의 크기는

4배가 되고, 곡선의 반지름이 절반이 되면 원심력의 크기는 2배가 된다. 원심력은 자동차의 각 부분에 작용하지만, 그 합력은 중력에 작용한다고 생각하면 된다.

◆탈선 · 전복하지 않을 조건

자동차나 기차가 커브 길에서 탈선, 전복되지 않는 첫 번째 조건은 '노면이나 선로가 작용하는 내향성 방향의 중심력이 원심력과 균형을 이룬다'라는 조건이다. 자동차나 기차가 커브에서 탈선, 전복되지 않는 두 번째 조건은 '노면이나 선로와 바퀴의 접촉점 주변에서 전복시키려는 원심력의 토크(모멘트)보다 전복을 방해하는 중력의 토크가 더 크다'라는 조건이다. 그림 4의 기차의 경우, 그림 오른쪽 선로와 바퀴의 접촉점 주변에서의 토크에 대한 조건

중력×차선 간격의 절반(a) > 원심력×무게중심의 높이(b)

라는 조건이다. 이것이 안전한 주행을 위한 두 번째 조건이다.

2005년 JR 서일본 후쿠치야마선 커브 길에서 열차가 탈선, 전복되어 앞선 차량이 아파트와 충돌하는 대참사가 있었다. 이 커브의 곡률 반지름은 304m로 열차는 시속 116km(32m/s)로 달리고 있었다. 이 경우,

원심력의 크기 = 질량×(속도)^2÷반지름 = 질량×3.4 m/s^2,
중력의 크기 = 질량×중력가속도 = 질량×9.8 m/s^2

에서 레일의 간격은 1.067m이므로 전복되지 않는 조건은 중력 중심 접촉점으로부터의 높이 b가 1.54m보다 낮아야 한다(0.53×9.8÷3.4=1.54). 선로에서 1.54m 높이는 거의 열차 바닥의 높이이다. 무게중심은 승객의 수에 따라 달라진다. 안타깝게도 필자는 사고 당시 열차의 무게중심 높이를 추정하는 데 필요한 자료가 없다. 위의 계산에서는 단순화를 위해 노면이 원 궤도 중

심을 향해 경사져 있는 것을 무시했지만, 노면이 경사져 있으면 그림 4의 a가 길어지기 때문에 전복을 방해하는 중력 토크가 커져 안전성이 높아진다.

참고로 신칸센의 레일 간격은 1.435m이다. 레일 간격이 넓으면 중력에 의한 복원 효과가 커져서 잘 전복되지 않는다.

그림 4 전복하지 않기 위한 조건은
중력×*a*>원심력×*b*

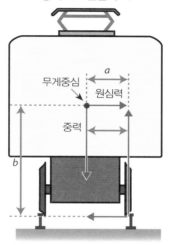

초등학생에게 '세탁기는 어떻게 젖은 빨래를 탈수할까?'라고 물으면 '원심력'이라는 대답이 돌아온다. 학교에서 원심력을 배운 적은 없지만, 세탁기가 탈수를 할 때 세탁기 내부에서 힘차게 돌아가는 소리가 들리는 일이나 버스 등 교통수단을 탈 때 커브 길에서 옆으로 밀리는 경험을 어디선가 들어본 원심력이라는 단어로 표현한 것 같다.

그래서 원심력이라고 대답한 초등학생에게 '젖은 빨래의 물은 어느 방향으로 튀어나오지?'라고 물었다. 고속으로 회전하는 세탁기 속을 볼 수 없기에 세탁기 내부를 상상하며 많은 초등학생이 '세탁조 직각 방향으로 나온다'라고 대답한다. 사실 '원심력'은 중심에서 멀어지는 방향으로 작용하는 힘을 뜻한다.

◆비 올 때 우산을 돌리면…

이 답이 옳지 않다는 것은 비 오는 날 젖은 우산을 빙글빙글 돌리면서 우산에서 물방울이 튀어나오는 방향을 관찰하면 알 수 있다. 물방울은 튀어나온 우산 살 끝의 운동 방향, 즉 우산 가장자리의 접선 방향으로 튀어나와(그림 1), 그 방향으로 진행하면서 땅으로 떨어진다. 우산에서 떨어진 물방울은 우

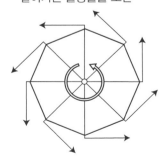

그림 1 지면에 있는 사람이 우산 살 끝에서 날아가는 물방울을 보면…

산에서 떨어졌을 때의 속도를 초속으로 하는 낙하 운동을 하는 것이다.

그렇다면 이 경우 원심력은 발생하지 않는 것일까? 사실 이 경우에도 원심력을 생각할 수 있다. 우산 위 중심 부근에 있는 개구리가 우산에서 멀어지는 물방울의 운동을 관찰하는 경우를 상상해 보자. 물방울이 우산에서 떨어진 직후에는 물방울의 속도와 우산 살 끝의 속도가 거의 같으므로 물방울은 우산 살 끝 바로 옆에 있다. 그러나 직진하는 물방울은 원운동을 하는 우산 살 끝에서 점차 멀어진다. 따라서 우산 위의 개구리가 물방울을 보면 물방울은 우산 살의 연장 방향으로 멀어진다. 우산 위의 개구리가 보면 물방울은 원심력의 작용을 받는 것처럼 보이는 것이다(그림 2).

◆탈수기 속 물방울의 진행 방향

탈수기 안에서 젖은 빨래에서 튀어나온 물방울은 세탁기가 투명하다면 둥근 면의 접선 방향으로 튀어나오는 것을 볼 수 있을 것이다. 원심력은 회전하고 있는 우산 위의 개구리에게는 보이지만 땅 위에 있는 사람에게는 보이지 않는 힘이다.

◆코리올리의 힘

그림 2를 자세히 보면, 물방울은 우산에서 멀어질수록 오른쪽으로 이동한다. 이는 우산 위의 개구리가 보기에 물방울에는 원심력 외에 경로를 오른쪽으로 구부리는 힘이 작용하는 것처럼 보인다는 것을 의미한다. 이 힘을 **코리올리의 힘**이라고 한다.

우산을 반대 방향으로 돌리면 이 경우 코리올리의 힘은 물방울의 경로를 왼쪽으로 구부리는 겉보기 힘이다. 그림 2

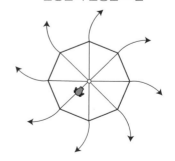

그림 2 우산 위에 앉아 있는 개구리가 물방울의 운동을 보면…

의 우산은 지구 북반구의 자전과 같은 방향으로 회전하고 있다. 고기압(H)에서 불어오는 바람과 저기압(L)으로 불어오는 바람의 방향을 기상위성에서 관측하면 바람의 방향이 등압선에 수직이 아니라 북반구에서는 그림 3과 같이 진행 방향의 오른쪽으로, 남반구에서는 왼쪽으로 치우치는 것은 코리올리의 힘 때문이다.

지구의 적도 부근은 다른 지역보다 태양의 열을 더 많이 받기 때문에 따뜻한 공기가 상승하고, 그 뒤로 온대 지방의 바람이 불어온다. 북반구에서 적도를 향해 남쪽으로 부는 바람은 코리올리의 힘의 영향으로 서쪽으로 방향을 틀게 된다. 이것이 남서쪽으로 부는 무역풍이라고 불리는 바람이다.

그림 3 북반구에서의 바람의 방향

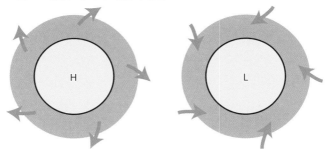

15

땅속 세계가 있을까?

'지구 공동설'이라는 말을 아는가? 요즘은 잘 듣지 않게 되었지만, 한때 큰 인기를 끌었던 괴담 중 하나다. 그림 1과 같이 지구의 내부는 사실 거대한 공동(空洞)이며, 지구의 중심에 해당하는 곳에 거대한 불덩어리가 빛나고 있다는 것이다. 20세기 초에 활동한 E.R. 버로우즈라는 SF 작가(타잔의 원작자로도 잘 알려진)는 이 이야기에서 착안해『땅속 세계 펠루시다』라는 시리즈물 SF 모험 소설을 썼다. 타잔이 펠루시다 세계에서 활약하는 이야기도 준비되어 있다. 필자 역시 중학생 시절, 버로우즈의 소설을 읽으며 땅속 세계에 대한 동경을 품었던 기억이 있다. 하지만 이 생각은 물리학을 공부하면서 완전히 깨져버렸다. 애초에 땅속 세계 사람이 이런 세계에서 지각의 이면을 자유롭게 돌아다닌다는 것은 물리적으로 불가능한 일이다.

그림 1 지구 공동설

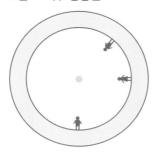

땅속 세계 사람은 지구의
안쪽 편에서 살고 있음.
지구의 중심에 있는 불의
구슬이 태양 역할을 함

지상에서는 모든 물체에 중력이 아래쪽으로 작용한다. 지상의 물체와 지구 사이에 작용하는 **만유인력**이 바로 이 중력의 정체다. 만유인력은 이름 그대로 모든 물체 사이에 작용하는 인력이다. 지상의 물체는 지구의 모든 부분으로부터 이 만유인력을 받고, 그 합력이 물체가 받는 중력이 된다. 사실 지구를 완전히 균일한 구라고 가정해도 지구의 각 부분으로부터 받는 인력의 합력을 구하는 계산은 골치 아픈 일이다. 미분·적분을 발명한 뉴턴조차도 이 계산에 상당한 애를 먹었다고 전해진다. 그러나 얻어진 결과는 간단하다. 합력은 전 지구의 질량이 지구 중심에 모였을 때 지구와 물체 사이에 작용하는 만유인력과 같다(그림 2).

그림 2 **중력**

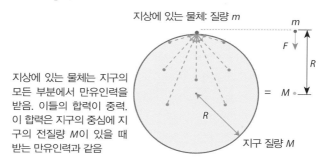

지상에 있는 물체: 질량 m

지상에 있는 물체는 지구의 모든 부분에서 만유인력을 받음. 이들의 합력이 중력. 이 합력은 지구의 중심에 지구의 전질량 M이 있을 때 받는 만유인력과 같음

지구 질량 M

그렇다면 펠루시다 세계의 주민이 지각에서 받는 중력은 어떻게 될까? 그림 3과 같이 땅속 세계 사람은 만유인력을 발밑의 지각과 머리 위 먼 곳의 지각에서 받는데, 그 방향이 정반대다. 만유인력은 거리의 제곱에 반비례하기 때문에 발밑에 있는 지각 부분에서는 큰 힘을 받고, 먼 곳에 있는 지각 부분일수록 힘이 적다. 그러나 먼 곳에는 거리의 제곱에 비례해 지각을 형성하는 많은 물체가 있다. 그 결과 어떤 각도 범위에 있는 물체로부터 받는 만유인력은 거리와 무관하게 된다. 그림 3에서 질량 m_1과 m_2가 점 A에 미치는 만유인력 F_1과 F_2는 크기가 같고 방향이 반대이므로 서로 상쇄된다. 따라서 지각이 완전히 구대칭이라면, 지각에서 발생하는 만유인력의 합력은 완전히 0이 된다! 놀라운 일이다. 따라서 펠루시다는 무중력 세계이기 때문에 땅속 세계 사람이 이런 세계에서 지각의 뒷면을 자유롭게 돌아다니는 것은 물리적으로 불가능하다.

그림 3　땅속 세계 사람이 받는 중력

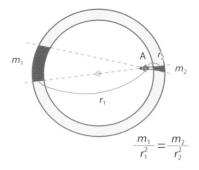

$$\frac{m_1}{r_1^2} = \frac{m_2}{r_2^2}$$

　참고로 펠루시다 땅속 세계 사람의 생활 경험은 인공위성 속 우주비행사의 생활 경험과 매우 유사하다. 실제로 우주비행사에게 지구의 만유인력은 작용하고 있다. 하지만 지구의 만유인력으로 인해 인공위성과 우주비행사 모두 같은 속도로 지구를 향해 떨어지고 있기에 인공위성의 벽은 인간을 지탱할 수 없다. 인간은 자신을 지탱하는 힘으로 자신의 무게를 느끼기 때문에 인공위성 안은 **무중력** 상태라고 한다.

16

지구의 궤도가 원 궤도가 아니라는 사실을 간단히 아는 방법

◆사계절이 있는 이유는 자전 축이 기울어져 있기 때문

한국에는 사계절이 있다. 지구의 공전 면에 대해 지구의 자전축이 기울어져 있기 때문이다. 그 결과 자전축과 지구 표면이 만나는 북극점(그림 1의 파란색 점)에서는 여름에는 태양이 지평선 아래로 내려가지 않고, 북반구에 있는 한국에서는 낮이 밤보다 길다. 겨울에는 북극점에서는 태양이 하루 종일 지평선 위로 떠오르지 않고, 한국에서는 밤이 낮보다 길다.

태양과 지구를 잇는 선과 지구의 자전축이 수직이 되는 춘분과 추분에는 지구상의 모든 곳에서 낮의 길이와 밤의 길이가 같아진다. 이는 지구상의 모든 장소가 자전을 통해 그림 1의 파란색 점 주위를 원 운동하는 것으로 알 수 있다.

그림 1 사계절의 원인은 자전축의 기울기 때문

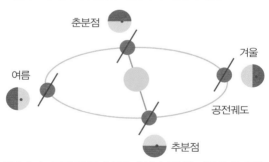

공전궤도는 공전 면 위에 있음. 춘분과 추분은 태양을 통과하는 자전축에 수직인 평면과 공전궤도의 교차점

◆지구가 태양 주위를 같은 속도로 원 운동한다면?

그림 1은 지구가 태양 주위를 돈다는 지동설에 대한 설명도이다. 지동설은 1543년 코페르니쿠스가 주장한 것이다. 지동설이라는 말을 들으면 지구는 태양을 중심으로 한 원 위를 같은 속도로 움직이고 있다는 느낌이 든다. 그렇다면 춘분점과 추분점은 그림 1의 공전 원 한 지름의 양 끝에 있으므로 춘분에서 추분까지의 일수와 추분에서 춘분까지의 일수는 같아야 한다.

◆지구의 궤도는 타원형 궤도이기에 속도가 일정하지 않음

그런데 1609년 케플러가 '모든 행성은 태양을 중심으로 한 타원 위에서 운동한다. 행성의 속도는 일정하지 않고, 태양에 가까울 때는 빠르고, 태양에서 멀어질 때는 느리며, 태양과 행성을 잇는 선이 같은 시간에 통과하는 면적이 같도록 움직인다'라는 케플러의 법칙을 발견했다.

타원궤도를 그림 2에 나타낸다. 지구의 궤도는 이렇게 크게 일그러진 타원이 아니다. 타원궤도도 춘분점과 추분점은 태양을 통과하는 하나의 직선 위에 있다. 하지만 춘분과 추분이 이 타원의 어디에 있는지는 알 수 없으므로 그림 2에는 임의로 직선을 그렸다. 이 직선이 타원의 면적을 이등분하지 않는다면 춘분에서 추분까지의 일수와 추분에서 춘분까지의 일수가 같지 않게 된다.

그림 2 같은 시간에 통과하는 면적은 같음(면적 속도 일정의 법칙)

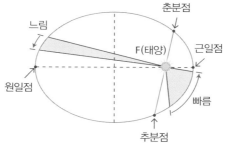

◆달력을 살펴보자

달력에서 춘분 일부터 추분 일까지의 일수와 추분 일부터 춘분 일까지의 일수를 알아보자. 2009년 춘분 일은 3월 20일, 추분 일은 9월 23일, 2010년 춘분 일은 3월 21일이므로 2009년 춘분 일부터 추분 일까지의 길이는 187일, 추분 일부터 이듬해 춘분 일까지의 길이는 179일이다. 춘분까지의 길이는 179일이다. 이 8일의 차이는 지구가 태양을 중심으로 한 원 위를 같은 속도로 움직이지 않는다는 명백한 증거다.

춘분에서 추분까지의 일수가 8일 더 많다는 사실은 케플러의 법칙에 따라 태양과 지구를 잇는 직선이 통과하는 면적이 크다는 것을 의미하기 때문에 북반구의 여름에 지구가 태양으로부터 멀어진다는 것을 의미한다. 과학 연표를 살펴보면 2009년 지구가 원일점을 통과한 날은 7월 4일, 2010년 근일점을 통과한 날은 1월 3일이었다. 지구의 자전 모습을 그림 3에 나타냈다. 원일점을 통과한 시점이 하지(6월 22일)에 가깝고, 근일점을 통과한 시점이 동지(12월 22일)에 가까운 것은 우연이지만, 이 우연 때문에 지구의 궤도가 원 궤도가 아니라는 것을 달력으로 춘분과 추분을 조사하는 것만으로 알 수 있었다. 나는 이 사실을 가즈키노 시즈쿠에게 배웠다.

참고로 케플러는 튀코 브라헤라는 천문학자가 남긴 방대하고 정밀한 관

그림 3　태양은 타원의 중심으로부터 약 250만km 떨어진 곳에 있음. 태양과 지구의 평균 거리는 약 1억 5,000만km

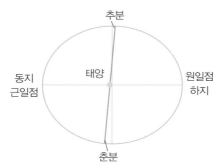

측 데이터를 약 10년간 연구해 케플러의 법칙을 발견했다. 1687년 뉴턴은 프린키피아라고 불리는『자연철학의 수학적 원리』라는 책을 출간했고, 그 안에 케플러의 법칙이 자신이 발견한 만유인력의 법칙과 운동의 법칙에서 도출된다는 것을 증명했다.

◆ 1년이란?

우리는 1년이라는 말을 쓰고 있는데, 1년은 어떤 길이일까? 달력의 1년의 길이는 윤년과 윤달이 있기에 해마다 달라진다. 천문학에서 1년은 태양년, 항성년, 근일점 년 등 세 가지로 나뉜다.

태양년이란 지구가 춘분점을 지나고 다음 춘분점을 지날 때까지의 시간으로, 대략 365일 5시간 49분이다. 우리가 일상적으로 사용하는 달력은 태양년을 기준으로 하는데, 태양년은 사계절의 변동에 대응하기 때문이다.

지구에서 볼 때 태양이 항성 사이를 한 바퀴 도는 시간이 **항성년**으로, 대략 365일 6시간 9분이다. 항성년은 태양년보다 약 20분 정도 더 긴데, 이는 지구의 자전축이 공전과 같이 **세차운동**을 하기에 춘분점이 이동하기 때문이다.

근일점은 지구가 근일점을 통과한 후 다음 근일점을 통과할 때까지의 시간으로, 대략 365일 6시간 14분이다. 항성년과 차이가 나는 것은 지구의 공전궤도가 목성 등의 영향으로 변하기 때문이다.

17

피겨스케이팅 스핀의 비밀

　피겨스케이팅 국제대회에서는 3회전 반 점프, 4회전 점프 등 고도의 기술을 뽐내며 겨룬다. 공중에서 회전수를 늘리기 위해 물리학이 말할 수 있는 것은 '회전 속도를 높이는 것뿐만 아니라 높이 뛰어서 공중에 있는 시간을 길게 해야 한다'라는 누구나 생각할 수 있는 것 정도다.

　물리학의 입장에서 피겨스케이팅에서 내가 생각하는 멋진 기술은 발톱을 세우고 양손을 크게 벌려 천천히 회전하는 스케이터가 양팔을 수축하면서 회전 속도가 점점 빨라지는 스핀이다(그림 1).

그림 1　스핀 하는 피겨스케이팅 선수

　스핀의 가속 원리의 기초에는 케플러가 행성의 공전 운동을 연구하면서 발견한 '행성의 속도는 태양에 가까울 때는 빠르고, 멀어질 때는 느리며, 태양과 행성을 잇는 직선이 같은 시간에 통과하는 면적, 즉 "속도"×"반지름"은 일정하다'라는 면적 속도 일정 법칙이 있다.

◆면적 속도 일정의 법칙이 성립하는 조건

　면적 속도 일정 법칙은 행성의 공전 운동이 아닌 회전운동에서도 성립하는 경우가 있다. 행성의 공전 운동의 경우, 행성에 작용하는 태양의 만유인력은 항상 공전의 중심인 태양의 방향을 향하고 있기에 만유인력은 행성이 태양을 중심으로 회전하는 운동량을 변화시키지 않는다. 즉, 면적 속도 일정 법칙이 성립하는 조건은 회전 운동하는 물체에 작용하는 힘이 회전 중심 방향을 향하고 있다는 것이다.

간단한 실험을 통해 확인해 보자.

그림 2와 같이 가느다란 관에 끈을 끼우고, 끈 끝에 가벼운 물체를 달고, 다른 쪽 끝을 손으로 잡고 물체를 원운동을 시킨다. 물체를 원 운동시키면서 끈을 잡아당겨 원운동의 반지름을 작게 하면 속도는 빨라진다. 반대로 끈의 힘을 풀고 원운동의 반지름을 크게 하면 속도는 줄어들게 된다. 반지름과 속도의 관계를 자세히 살펴보면 '반지름'×'속도'는 일정하다는 것을 알 수 있다. 즉, 면적 속도 일정의 법칙이 성립한다.

그림 2 '반지름'×'속도'는 일정

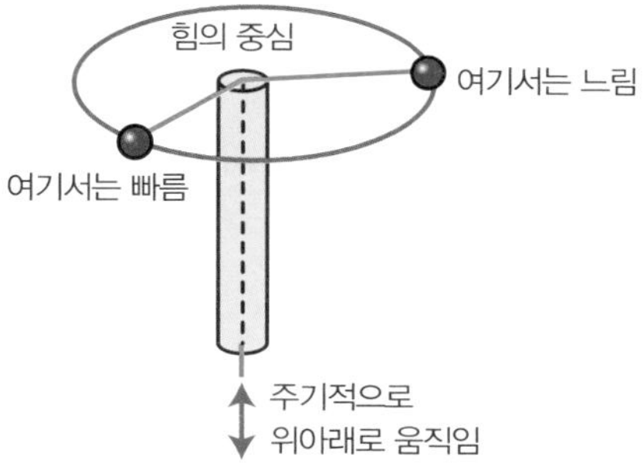

힘의 중심

여기서는 느림

여기서는 빠름

주기적으로
위아래로 움직임

이 실험은 쉽게 할 수 있지만, 끈이 가진 힘이 부족하면 회전하고 있는 물체가 힘차게 날아갈 위험이 있으므로 가볍고 단단하지 않은 것을 회전시키는 것이 중요하다. 관으로는 볼펜 심을 뺀 것 등을 쉽게 이용할 수 있다.

◆ 피겨 스케이트의 스핀

피겨스케이팅 선수가 양팔을 수축할수록 회전 속도가 증가하는 현상은 면적 속도 상수의 법칙이 성립하는 예이다.

스케이팅 선수에게 작용하는 외력은 중력에 작용하는 아래쪽의 중력과 발끝에 빙판이 작용하는 위쪽의 항력이다. 두 힘 모두 회전축에 작용하기 때문에 면적 속도 일정의 법칙이 성립한다. 따라서 스케이터가 뻗었던 양팔을 수축하면 팔 부분의 평균 반지름이 줄어들기 때문에 회전 속도가 증가하는 것이다.

회전 속도가 증가하면 운동에너지가 증가한다. 이 회전 운동 에너지의 증가는 팔을 수축시키기 위해 팔의 근력이 한 일에 의한 것이다. 피겨 스케이터는 우아해 보이지만 사람보다 몇 배의 근력이 필요한 것이다.

◆ 각운동량 보존 법칙

물리학에서는 회전하는 물체의 회전운동의 세기를 나타내는

'질량'×'반지름'×'속도'

를 각운동량이라고 부르고 각운동량이 일정하다는 법칙을 **각운동량 보존 법칙**이라고 부르므로 언급해 두겠다.

◆ 그네 타는 법

아이가 처음 그네를 탈 때는 아이를 좌석 위에 앉히고 등을 밀어줘야 한다. 아이가 성장하면 판자 위에 서서 혼자 힘으로 그네를 크게 흔들 수 있게 된다. 그네를 타는 요령은 속도가 0이 되는 최고점 부근에서 허리를 굽히고, 속도가 가장 빠른 최저점 부근에서 일어서는 것이다(그림 3). 왜 그럴까?

그네를 타는 아이에게 작용하는 힘은 지구가 작용하는 아래쪽의 중력과 그네 좌석이 작용하는 밧줄 방향을 향한 항력이다. 최저점 부근에서는 중력

그림 3 그네와 면적 속도 일정

아이의 회전운동의 반지름은 밧줄이 매달려 있는 봉과
아이의 무게중심 G의 거리라고 간주

도 항력도 진행 방향에 수직이기 때문에 아이의 회전운동의 운동량, 즉 '면적 속도'='반지름'×'속도'를 변화시키지 않는다. 따라서 아이가 일어서서 '반지름'이 줄어들면 아이의 '속도'가 빨라지는 것이다. 최고점에서 아이는 정지해 있으므로 거기서 몸을 굽혀도 속도는 변하지 않는다.

또한, 최저점 이외에는 중력에 아이의 회전운동의 운동량을 변화시키는 방향의 성분이 있으므로 면적 속도가 변화하고 속도도 변화한다. 그 결과 그네는 앞뒤로 진동하는 것이다.

18

회전의자에 앉은 채로 방향 바꾸기

큰 인형이 회전의자 위에 놓여 있다. 이 경우 누군가가 의자를 돌리지 않으면 인형과 의자의 방향이 바뀌지 않는다. 그렇다면 당신이 높은 회전의자에 앉아 있다면 어떨까? 회전의자는 축을 중심으로 회전할 수 있는 의자를 말한다. 발이 바닥에서 떨어져 있어 발로 바닥을 누를 수 없고, 손이 닿는 곳에 책상이나 가구, 벽이 없다고 가정해 보자. 이 경우 누군가가 의자를 돌려주지 않아도 의자에 앉은 채로 의자와 몸의 방향을 바꿀 수 있다.

쉽게 설명하기 위해 양손에 포환을 하나씩 들고 작은 원형 회전의자에 앉아(그림 1a) 양팔을 좌우로 뻗고(그림 1b), 상체를 오른쪽으로 비틀면 의자와 하체는 왼쪽으로 돌아간다(그림 1c). 회전의자는 위에서 볼 수 없기에 그림에서 의자의 방향을 빨간색 화살표로 표시했다. 다음으로 양팔을 내려 상체를 왼쪽으로 돌려 하체와 같은 방향으로 돌리면 의자와 사람은 왼쪽으로 회전한 것이 된다(그림 1d). 이 작업을 반복하면 점점 더 왼쪽으로 회전하게 된다. 반대로 상체를 왼쪽으로 비틀면 오른쪽으로 회전할 수 있다.

◆ 질량×회전반지름의 제곱×회전각이 중요

양손에 포환을 들고 있지 않아도 회전의자에 앉아 위 동작을 하면 의자와 사람의 방향이 왼쪽으로 돌아간다. 왜 무거운 포환을 들고 있는 것일까? 무거운 포환을 들었을 때 의자와 하체의 왼쪽으로 향하는 회전각 θ는 '포환의 질량×포환 회전반지름의 제곱'×'포환의 회전각'에 비례하기 때문이다. 따라서 포환이 무거울수록, 양팔을 좌우로 뻗을수록, 그리고 상체를 비틀수록 의자와 하체의 반대 방향으로의 회전각은 커진다. 참고로 질량×(회전반지름)²를 관성모멘트라고 한다. '포환의 관성모멘트'×'상반신의 오른쪽으로의 회전각'='의자와 하반신의 관성모멘트'×'왼쪽으로의 회전 각 θ'라는 관계가 성립한다.

그림 1c의 상태에서 팔을 아래로 내릴 때는 회전각이 0이므로 의자와 하체는 회전하지 않는다. 팔을 내리고 상체를 왼쪽으로 돌릴 때 의자와 하체는 약간 오른쪽으로 회전하는데, 이때 포환의 회전반지름이 작기에 의자와 하체의 회전각은 작다.

변형되지 않는 딱딱한 물체의 운동과 사람처럼 변형되는 물체의 운동에는 큰 차이가 있다.

그림 1 회전의자에 앉은 채로 방향 바꾸기

빨간 화살표는 회전의자와 하반신의 방향

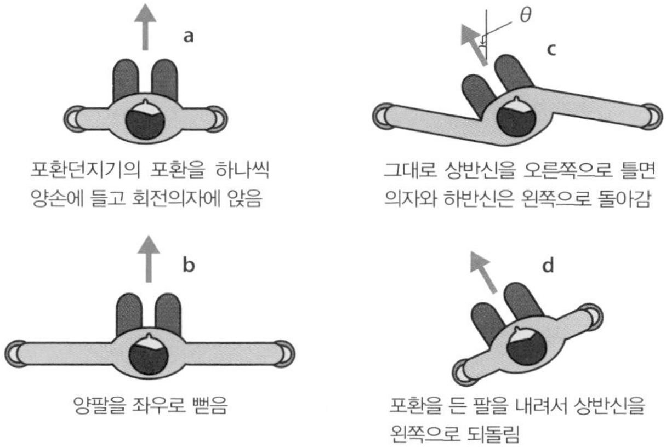

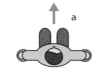

포환던지기의 포환을 하나씩
양손에 들고 회전의자에 앉음

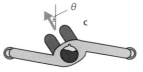

그대로 상반신을 오른쪽으로 틀면
의자와 하반신은 왼쪽으로 돌아감

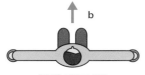

양팔을 좌우로 뻗음

포환을 든 팔을 내려서 상반신을
왼쪽으로 되돌림

정지해 있는 팽이를 바닥에 세우려고 하면 쓰러진다. 하지만 힘차게 돌아가고 있는 팽이는 좀처럼 쓰러지지 않는다. 팽이 회전력이 약해져 축이 약간 기울어져도 금방 쓰러지지 않고, 기울어진 축의 끝은 천천히 원운동을 한다. 위에서 봤을 때 팽이가 돌아가는 방향과 축의 끝이 돌아가는 방향은 같다(그림 1). 왜 그럴까? 이 운동을 팽이의 세차운동이라고 한다. 팽이의 세차운동을 설명하기 위해서는 그림 1에 표기된 기호 ω, $\vec{L}$, $\vec{N}$의 의미를 알아야 한다.

◆각운동량 L과 토크 N

기호 ω는 물체가 회전하는 속도를 나타내는 각속도라고 하며, '회전각' ÷ '시간'이다.

화살표의 기호 $\vec{L}$은 물체의 회전운동의 운동량과 방향을 나타내는 양인 **각운동량**을 나타내는 기호이다. 각운동량 $\vec{L}$은 물체가 회전하는 방향으로 나사를 돌렸을 때 나사가 나아가는 방향을 가리킨다.

화살표의 기호 $\vec{N}$은 물체에 작용하는 힘이 물체를 회전시키는 작용을 나타내는 양의 **토크**를 나타내는 기호이다. 토크에도 크기와 방향이 있다. 예를 들어 자동차 운전자가 좌회전하기 위해 양손으로 핸들을 돌릴 때(그림 2) 토크의 크기는 '힘의 크기' × '두 힘의 작용선 간격(핸들의 지름)'이며 방향은 핸들의 축을 따라, 방향은 운전자 쪽을 향한다. 그림 3과 같이 토크의 방향도 두 개의 역방향 힘이 나사를 돌릴 때 나사가 나아가는 방향을 향하고 있다.

◆ 회전운동의 법칙

이제 회전운동의 법칙을 소개할 준비가 되었다. 회전운동의 법칙은 다음과 같이 표현된다.

'각운동량 $\vec{L}$의 물체에 토크 $\vec{N}$의 힘이 시간 t동안 가해지면, 물체의 각운동량은 $\vec{L} + \vec{N}t$가 된다.'

여기서 $\vec{N}t$는 토크 $\vec{N}$의 방향을 가리키고 크기가 '토크의 크기' × '시간'을 지니는 화살표로 표현되는 양이며, $\vec{L}$에 $\vec{N}t$를 더한 $\vec{L} + \vec{N}t$는 그림 5에 나타낸 화살표로 표현되는 양이다.

회전하고 있는 팽이의 축을 회전과 같은 방향으로 비틀면 각속도는 빨라지고(그림 4a), 회전과 반대 방향으로 비틀면 느려지지만(그림 4b), 두 경우 모두 회전축의 방향은 변하지 않는다. 그림 4a의 경우 $\vec{L}$과 $\vec{N}$이 같은

그림 1 팽이의 회전과 각운동량 L　　　그림 2 핸들을 돌리는 힘의 토크 $\vec{N}$

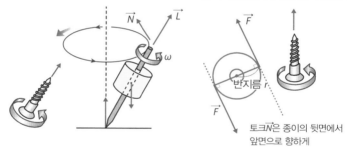

토크 $\vec{N}$은 종이의 뒷면에서 앞면으로 향하게

그림 3 토크 $\vec{N}$의 방향은 힘에 의해 나사가　　그림 4 팽이의 회전과 각운동량 $\vec{L}$
　　　　나아가는 방향

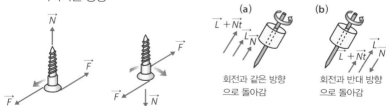

(a)

회전과 같은 방향으로 돌아감

(b)

회전과 반대 방향으로 돌아감

방향이고, 그림 **4b**의 경우 $\vec{L}$과 $\vec{N}$이 반대 방향이므로 $\vec{L}$ + $\vec{N_t}$와 $\vec{L}$의 방향은 같고, 그림 **4a**의 경우 길이가 길어지고, 그림 **4b**의 경우 짧아진다. 따라서 실험 결과와 회전운동의 법칙은 일치한다.

◆팽이의 세차운동

축의 기울어진 틀에 작용하는 힘은 중심에 작용하는 아래 방향 중력 $\vec{W}$와 바닥이 접점에서 작용하는 위 방향 항력 $\vec{T}$이다. 두 힘의 토크 $\vec{N}$은 그림 5와 같이 수평이며, 축의 끝 부분이 그리는 원의 접선 방향을 향하고 있다. 이 토크가 축을 쓰러뜨리는 방향으로 작용한다고 생각하

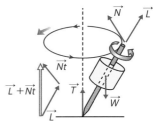

그림 5 팽이의 세차운동

는 사람이 있을 수 있다. 하지만 회전축의 방향 $\vec{L}$은 시간 t가 지나면 $\vec{L}$ + $\vec{N_t}$의 방향으로 바뀐다는 회전운동의 법칙에 따라, 팽이의 축은 쓰러지지 않고 원운동을 하는 것이다. 그리고 위에서 보면 시계의 바늘과 반대 방향으로 돌아가고 있는 마름모꼴의 축 끝은 시계 반대 방향으로 돌아가게 된다(그림 5).

◆달리는 자전거가 쓰러지지 않는 이유

고정된 자전거는 지지하지 않으면 넘어지지만, 움직이는 자전거는 넘어지지 않는다. 그 원인은 '회전하는 바퀴'에 있다. 자전거가 오른쪽(왼쪽)으로 넘어질 때, 즉 자전거 바퀴의 회전 상태를 나타내는 각운동량 $\vec{L}$을 변화시키려는 힘이 가해지면, 그 힘은 토크 $\vec{N}$을 통해 각운동량이 $\vec{L}$ + $\vec{N_t}$의 회전 상태로 바꾸어 앞바퀴가 오른쪽(왼쪽)으로 방향을 바꾸기 때문이다. 구체적으로 설명해 보자.

회전하는 자전거 바퀴의 각운동량 $\vec{L}$은 (바퀴가 돌아가는 방향으로 나사를 돌리면 알 수 있듯이) 오른쪽에서 왼쪽을 향하고 있다(그림 6). 자전

거를 타는 사람이 몸을 오른쪽으로 기울이면, 라이더와 자전거에 작용하는 중력과 지면의 항력의 토크 $\vec{N}$ 은 (이 힘으로 돌아가는 나사가 돌아가는 방향의) 뒤에서 앞쪽을 향한다. 그 결과 바퀴의 각운동량 $\vec{L} + \vec{N}t$는 왼쪽 앞쪽을 향하게 되므로 바퀴는 우회전 방향으로 돌아간다.

이 이론적 결론이 사실이라는 것은 자전거를 탈 때 핸들에서 손을 떼고 몸을 약간 오른쪽으로 기울여 보면 체험할 수 있다. 자전거는 넘어지지 않고, 진로가 오른쪽으로 바뀐다.

그림 6 자전거를 타고 몸을
오른쪽으로 기울이면…

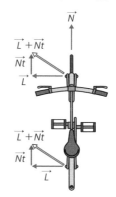

20 걸으면서 손에서 공을 떨어뜨리면?

지금으로부터 약 500년 전, 갈릴레오가 지동설을 주장하자 '지구가 움직인다면 탑 위에서 돌을 떨어뜨리면 떨어지는 동안 땅이 움직이기 때문에 돌이 탑 바로 밑으로 떨어지지 않을 것이다'라는 반론이 있었다. 이 반론에 대해 갈릴레오는 달리는 배의 돛대 위에서 돌을 떨어뜨려 돌이 돛대 아래로 떨어지는 것을 보여줬다고 한다. 그렇게 하지 않고도 똑바로 걸으면서 왼손에 들고 있는 공에서 살짝 손을 떼면 공이 몸 바로 옆으로 떨어진다는 것을 보여준다면 충분하다. 지금은 고속으로 달리는 기차에서 공을 살짝 떨어뜨리면 바로 밑으로 떨어진다는 것을 누구나 알고 있다.

그림 1 주행 중인 배 위에서 돌을 떨어뜨림

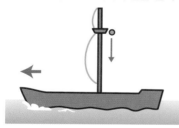

그림 2 전철 안에서 공을 떨어뜨림

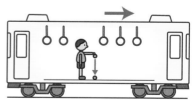

제4장

일상 속 물리학–
물과 공기에 관한 의문

지구상에 우리 인간과 다양한 동식물이 살아갈 수 있는 것은 물과 공기가 있기 때문이다. 공기가 있기에 비행기나 열기구 등을 날릴 수 있고, 물과 같은 액체를 이용한 기계를 만들 수 있다. 4장에서는 이러한 물과 공기에 대한 궁금증을 풀어보겠다.

신발을 신고 눈 위를 걸으면 신발이 눈 속으로 파고든다. 하지만 스키를 타면 스키가 눈 속에 파묻히지 않는다. 면을 누르는 힘의 크기가 같더라도 힘이 작용하는 면적이 좁을수록 힘의 효과는 크고, 넓을수록 효과가 작기 때문이다. 이런 경우

압력 = 면을 수직으로 누르는 힘 ÷ 힘이 작용하는 면적

이 중요하다(그림 1).

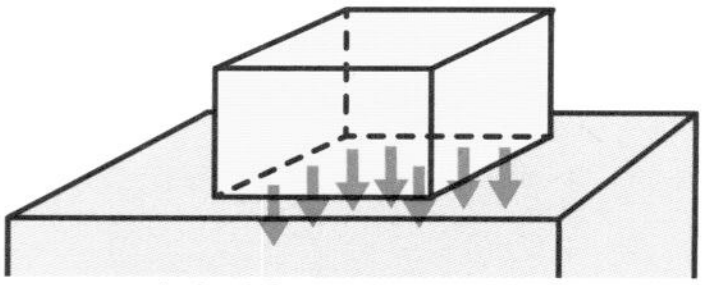

하이힐을 신고 잔디밭에 들어갔을 때 뒷굽이 흙에 박히는 것은 뒷굽 끝의 면적이 좁아서 압력이 크기 때문이다. 그림 2의 남성 신발 밑창의 압력과 비교하면 하이힐의 굽 압력이 훨씬 더 크다는 것

그림 1 압력=면을 수직으로 누르는 힘÷힘이 작용하는 면적

물체의 면을 수직으로 누르는 힘

은 굳이 계산하지 않아도 알 수 있다. 코끼리의 무게는 약 5톤(5,000kg)이다. 코끼리 발바닥의 면적을 상상해 보고, 코끼리 발바닥의 압력과 하이힐 뒷굽의 압력 차이를 비교해 보자.

삽이나 곡괭이 끝이 뾰족하면 땅을 파기 쉽다. 압력이 크기 때문이다. 반대로 도로에서 크레인으로 작업할 때 도로에 철판을 까는 것은 도로에 가해지는 압력을 줄여 노면 손상을 줄이기 위함이다. 불도저에 캐터필러가 달린 이유는 지면과의 접촉 면적을 늘리기 위해서다.

그림 2 하이힐 굽의 압력, 신발 바닥의 압력, 코끼리 발바닥의 압력

◆압력 단위의 1기압이란?

압력의 단위로서 이해하기 쉬운 것은 대기압의 1기압이다. 그림 3을 보면 대기가 용기의 수은 표면에 가하는 압력인 1기압은 관 안에 있는 76cm 높이의 수은 기둥이 그 바닥을 누르는 압력과 같다는 것을 알 수 있다. 부피가 1cm³인 수은의 질량은 13.59g이므로 1기압은 면적이 1cm²인 면 위에 1,033g, 즉 약 1kg의 물체가 놓여 있을 때의 압력이다(13.59×76=1033). 따라서 1기

그림 3 1기압은 면적 $1cm^2$의 면 위에 약 1kg의 물체가 올라가 있을 때의 압력

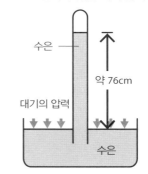

수은

약 76cm

대기의 압력

수은

압은 면적 $1m^2$(=1만cm^2)의 면 위에 약 1만kg(약 10톤)의 물체가 놓여 있을 때의 압력이기도 하다.

◆도쿄 스카이트리 맨 꼭대기의 기압

도쿄 스카이트리의 높이는 634m이다(그림 4). 탑의 끝에서는 그 위에 있는 공기의 양이 지상에 비해 적기 때문에 기압이 낮아진다. 상온, 1기압

그림 4　도쿄 스카이트리

에서 1m³의 공기 질량은 약 1.2kg이므로, 탑의 끝부분의 면적 1m²의 면 위에 있는 공기의 질량은 약 760kg 감소한다(634×1.2=760). 따라서 지상에 비해 0.076기압만큼 공기의 압력이 줄어들게 된다(760÷10000=0.076). 참고로 지표면 부근에서는 높이가 1km 높아지면 0.12기압 감소한다.

◆물의 압력

깊은 물탱크에 물이 들어 있다. 1m³인 물의 질량은 1,000kg이므로 10m 깊이의 물이 바닥을 누르는 압력은 1기압이다. 실제로는 그 위의 공기가 1기압의 압력으로 물의 표면을 누르고 있으므로 10m 깊이의 물탱크 바닥의 압력은 2기압이다.

◆하이힐 굽의 압력

뒷굽 끝의 면적이 4cm²인 하이힐을 신고 체중이 40kg인 사람이 걸을 때, 전체 체중을 한쪽 뒷굽으로 지탱하면 뒷굽이 지면에 가하는 압력은 1cm²당 10kg(40÷4=10)이므로 10 기압 이다. 아플 수밖에 없다.

수압의 방향은 아래로 향할까?

산책하다 보면 언덕길 양옆의 돌담 등에 배수구가 뚫려 있다. 비가 계속 내리면 구멍에서 물이 흘러나오는 것을 볼 수 있다(그림 1). 배수구가 없으면 어떻게 될까?

◆돌의 압력과 물의 압력의 차이

땅에 큰 돌을 놓으면 돌은 아래쪽 땅에 큰 힘을 작용하지만, 옆의 공기에는 큰 힘을 작용하지 않는다(그림 2). 하지만 땅 위에 물을 저장하려면 수조를 설치하고 그 안에 물을 담아야 한다. 수조 안의 물은 수조 바닥에 힘을 가하지만, 옆면에도 힘을 가한다는 것은 누구나 알고 있다(그림 3).

그림 1 돌담의 배수 구멍

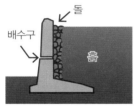

그림 2 돌의 압력

그림 3 물은 수조의 바닥 면뿐만
아니라 옆면에도 압력을
가함

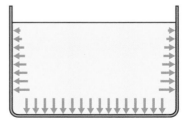

그림 1과 같이 돌담을 쌓고 흙을 쌓을 때 돌담에 대한 흙의 압력은 높지 않지만, 비가 내려 흙에 물이 많이 들어가면 돌담에 대한 압력이 커져 돌담이 무너질 위험이 있다. 그래서 돌담에는 물 빠짐 구멍이 뚫려 있다.

◆압력에는 있지만 수압과 기압에는 없는 '방향'

수영장에 들어가면 우리 몸은 압력을 느낀다. 물이 가만히 있을 때는 물의 압력이 물속 피부에 수직으로 작용한다. 수영장 안에서 몸의 방향을 바꿔도 피부에 가해지는 압력은 같다. 이는 일정한 형태를 가진 고체와 달리 액체나 기체 속에서는 분자들이 사방으로 무질서하게 운동하며 그 안의 물체에 충돌해 힘을 가한다고 생각하면 된다. 같은 높이에서 분자의 평균 속도는 운동 방향에 상관없이 일정하기에 물속의 작은 물체가 받는 충돌 충격력의 합력은 0이다(그림 4a). 액체나 기체 속 물체가 받는 충돌 충격력의 합력인 압력이 면에 수직이고 면의 방향과 관계없이 일정하다는 것은 그림 4b, 그림 4c를 보면 알 수 있다. 물이나 공기 속 한 지점에서의 압력의 공통된 크기를 수압이나 기압이라고 한다.

면을 누르는 압력에는 방향이 있고, 그 크기는 '힘' ÷ '면적'이다. 그런데 수압과 기압에는 방향이 없다. 일기예보에서 고기압이니 저기압이니 하는

그림 4 압력은 면에 수직으로 작용

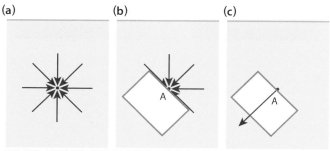

(a)
물속 작은 물체가 받는 합력은 0. 화살표는 물 분자의 충돌에 의한 충격력을 나타냄

(b)
물속 물체 표면의 점 A에 작용하는 충격력

(c)
면에 작용하는 충격력의 합력에 의한 압력은 면에 수직으로 작용

말을 듣지만, 고기압이 있는 곳이나 저기압이 있는 곳에 압력의 특별한 방향이 있는 것은 아니다.

그림 5와 같이 투명한 실린더 안에 스티로폼 큐브를 넣고 피스톤을 밀어 넣는다. 큐브가 압력에 의해 어떻게 부서지는지 관찰하면, 압력이 증가함에 따라 큐브는 그 형태를 유지한 채 균일하게 작아지는 것을 알 수 있다. 큐브는 압력을 주변의 모든 방향에서 압력을 받는 것을 볼 수 있다.

그림 5 결코 ▯나 ▭처럼 찌그러지지 않음

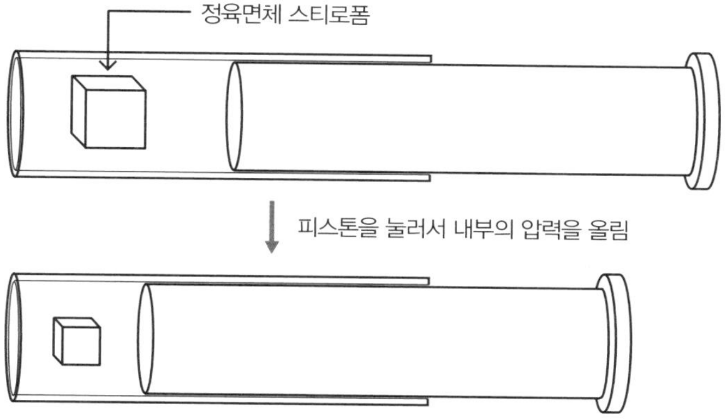

정육면체 스티로폼

피스톤을 눌러서 내부의 압력을 올림

컵의 얼음이 녹으면 물이 넘칠까?

목욕탕이나 수영장에 들어가면 몸이 가벼워진다. 나무토막을 물속에 넣으면 떠오른다. 돌을 물에 넣으면 가라앉지만, 물속의 돌을 들어 올릴 때는 공기 중에서 들어 올릴 때보다 가볍게 느껴진다. 물속에서는 부력이 작용하기 때문이다.

◆부력이란?

원통형 비닐봉지(그림 1의 원통형)에 물을 채우고 물속에 넣으면 봉지는 가라앉지도 않고 떠오르지도 않는다. 가방이 없으면 그곳에 있는 물은 정지해 있기에 당연한 결과다. 이를 힘의 균형으로 생각해 보자. 봉지의 물에는 중력 외에 주변 물의 압력이 작용한다. 깊은 곳에 있는 아래쪽 수압은 얕은 곳에 있는 위쪽 수압보다 크기 때문에 봉지 아래쪽에 작용하는 위쪽의 압력이 봉지 위쪽에 작용하는 아래쪽의 압력보다 더 크다. 따라서 주변 물이 봉지에 작용하는 압력의 합력은 위쪽으로 작용한다. 이 위쪽으로 향하는 힘의 합력을 부력이라고 한다. 즉,

부력 = 아래쪽 면에 작용하는 압력 – 위쪽 면에 작용하는 압력

이다. 이 위쪽 부력이 봉지의 물에 작용하는 아래쪽 중력과 균형을 이루고 있다.

◆아르키메데스의 원리

물속에 어떤 고체의 물체를 넣어도 물속 수압은 변하지 않는다. 이때 이 물체에는 물체가 있던 곳에 있던 물에 작용하던 중력과 같은 크기의 위 방

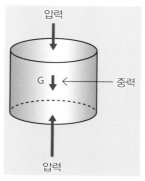

그림 1 부력=아래쪽으로 향하는 압력–
위쪽으로 향하는 압력. 부력과
중력은 균형을 이룸

압력

G

중력

압력

향 부력이 작용할 것이다. 기원전 220년경, 아르키메데스가 이 사실을 깨닫고 저서에 '물속 물체는 밀어낸 물의 무게만큼 가벼워진다'라고 적었다. 이를 아르키메데스의 원리라고 한다. 현재 물리학에서는 '물속 물체는 밀어낸 물에 작용하는 중력과 같은 크기의 상향 부력을 받는다'라고 표현한다.

아르키메데스는 시칠리아의 시라쿠사 왕으로부터 신에게 바치는 황금 왕관이 순금인지, 아니면 은이 섞여 있는지 왕관을 훼손하지 않고 확인하라는 명령을 받았다. 그가 공중에 있는 왕관과 같은 무게의 금괴와 왕관을 모두 실로 물속에 매달아 무게를 쟀더니 왕관이 더 가벼웠다. 이 사실은 왕관에 작용하는 부력이 더 크기 때문에 왕관이 밀어내는 물의 부피가 더 크다는 것, 따라서 왕관의 밀도가 순금보다 작으므로 왕관은 순금이 아님을 증명할 수 있었다.

◆컵에 가득 들어 있던 얼음물은 얼음이 녹으면 넘칠까?

컵에 20g의 얼음덩어리를 넣고 물을 가득 부어 책상 위에 놓는다. 물속에 떠 있는 얼음 일부가 수면 위로 올라온다. 얼음은 곧 녹기 시작한다. 수면 위로 나온 얼음이 녹으면 물은 컵에서 넘쳐날 것 같다. 어떻게 될까? 답은 '안 넘친다'이다. 얼음에 작용하는 힘의 균형과 아르키메데스의 원리로 인해

20g의 얼음덩어리가 받는 부력 = 20g의 얼음덩어리가 받는 중력

　　　　　　　　　 = 얼음의 수면 아랫부분에 있던 물이 받았던 중력

이므로 얼음의 수면 아랫부분에 있던 물의 질량은 20g이다. 따라서 얼음이 녹아 물이 될 때 수면의 위치는 컵의 가장자리다(그림 2).

◆북극의 얼음이 녹으면?

　컵에 떠 있는 얼음이 녹아도 수위가 변하지 않는 것과 마찬가지로 지구 온난화의 영향으로 북극의 얼음이 녹아도 이것이 직접적인 원인이 되어 해수면이 상승하지는 않는다. 그러나 북극 대륙의 위쪽 얼음이 녹으면 해수면은 상승한다.

그림 2　컵에 떠 있는 20g의 얼음덩어리가 녹으면?
　　　　 아르키메데스의 원리를 생각해서 쉽게 이해하기

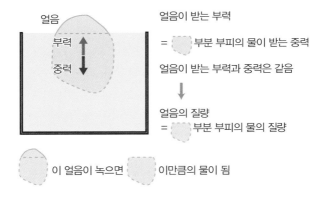

비행기 안에서 과자 봉지는 어떻게 될까?

비행기가 이륙하거나 착륙할 때 귀가 아플 때가 있다. 왜일까?

◆ 귀가 아픈 것은 압력의 변화 때문

비행장에서는 비행기 안의 기압과 바깥의 기압이 모두 1기압으로 같다. 하지만 상공으로 올라갈수록 비행기 밖의 기압은 감소하므로 그에 따라 비행기 안 기압도 감소한다. 그런데 고막 안쪽의 중이압이 1기압으로 유지되면 고막 바깥쪽 외이압과의 차이로 인해 고막은 바깥쪽의 힘을 받기 때문에 귀에 통증을 느끼거나 불편함을 느끼는 것이다.

하지만 중이와 코 안쪽의 인두는 이관으로 이어져 있으므로 침을 삼키거나 하품을 하거나 턱을 움직이면 이관이 넓어져 공기가 통과하면서 고막 안팎의 압력 차이가 해소되어 통증과 불편함이 없어진다.

고층 빌딩의 전망대 직통 엘리베이터를 타고 오르내릴 때 귀가 먹먹해지는 것도 같은 이유다. 높이가 100m 차이가 나면 기압은 0.012기압, 높이가 200m 차이가 나면 기압은 0.024기압 차이가 나기 때문이다.

◆ 비행 중의 비행기 안 기압은?

그런데 비행기는 지상에서 약 1만 미터 상공을 비행하기 때문에 기내 기압은 0.2~0.3기압이 된다. 하지만 기압이 이렇게 낮으면 건강에 문제가 생길 수 있으므로 제트엔진으로 압축, 가열한 공기를 기내로 들여와 기내 공기를 따뜻하게 하면서 기압을 약 0.8기압으로 유지하게 하는데, 0.8기압이면 고도 약 1,700m 고원에서의 기압이다.

그러면 공항 매점에서 감자 칩 한 봉지를 산 후 비행기에 가져가서 관찰해보자. 그림 1은 이륙 전에 촬영한 사진이고, 그림 2는 고도 약 11,000m 상

그림 1 이륙 전 기내에서

그림 2 도쿄—삿포로 간 고도 11,000m의 상공 기내에서

공에서 촬영한 사진이다. 상공에서는 과자 봉지를 외부에서 누르고 있던 기내 공기의 압력이 줄어들어 봉지가 팽창한 것을 알 수 있다. 봉지 안에 가스가 발생한 것은 아니다. 참고로 봉지 안의 기체로는 과자의 산화를 막기 위해 질소가 주입되어 있다.

◆비행기 안팎의 압력 차

상공에서 비행기 외부의 기압은 0.2~0.3기압이다. 따라서 비행기 기내에 공기를 넣어 0.8기압으로 만들면 비행기 벽을 기내와 기외에서 밀어내는 압력에 0.5~0.6기압의 차이가 생기게 된다. 1985년 발생한 일항기 추락사고는 기체 후면의 압력 격벽이 파괴되어 발생했다.

◆봉지 과자를 높은 산에 가져가면?

밀봉한 봉지에 담긴 과자를 사서 높은 산으로 가져가면 기압이 낮아지기 때문에 봉지가 크게 부풀어 오른다. 낮은 곳에서는 높이가 100m 높아질 때마다 기압이 약 0.012기압씩 낮아지기 때문에 해발 1,700m 고원에서의 기압은 약 0.8기압이 된다. 이 기압은 고도 약 1만m 상공을 비행하는 기내의 압력과 같기에 봉지가 부풀어 오르는 것은 그림 2의 봉지가 부풀어 오르는 이유와 같다. 더 높이 올라가면 기압은 완만하게 떨어져서 해발 3,776m의 후지산 정상에서 기압은 0.63기압이다. 따라서 부풀어 오르는 양은 그림 2의 사진보다 더 커진다.

참고로 해발 5,500m에서 기압은 약 0.5기압으로 해수면 기압의 절반이다. 이 두 배 높이인 11,000m 상공의 기압은 0.5기압의 절반인 약 0.25기압으로 추정할 수 있다.

05

물의 무게는 깊이와 바닥 면적으로 결정될까?

그림 1과 같이 다양한 형태의 용기에 물이 들어있다. 용기의 바닥 면적과 수면에서 바닥까지의 깊이는 모두 같다. 용기의 질량은 무시할 수 있다고 가정하고, 이 물의 무게를 재면 어느 것이 가장 무거울까? 용기의 입구 부분의 면적은 (1), (2), (3) 순으로 크다.

이 문제는 아마 초등학생도 할 수 있을 것이다. 당연히 물의 양이 가장 많은 (3)이 가장 무거울 것이다. 그러나 깊이가 같다면 바닥에서의 수압은 같기에 용기 바닥이 물로부터 받는 '힘' = '수압' × '바닥 면적'은 같다. 이 힘이 저울을 누르는 힘과 같다면 저울은 모두 같은 눈금을 가리켜야 한다. 물론 그렇지 않다. 무엇이 문제일까? 이 역설을 힘의 평형과 작용반작용의 법칙으로 풀어보자.

두 외력이 작용하는 물체가 정지해 있다면 두 외력은 균형을 이루고 있다, 즉 두 외력은 크기가 같고 방향이 반대이다. 용기 안의 물은 정지해 있으므로,

$$\text{힘}_{\text{지구}\to\text{물}}(\text{아래쪽}) = \text{힘}_{\text{용기}\to\text{물}}(\text{의 합력, 위쪽}) \qquad \text{①}$$

이다. 가벼운 용기는 정지해 있으므로 중력을 무시하면

$$\text{힘}_{\text{물}\to\text{용기}}(\text{의 합력, 아래쪽}) = \text{힘}_{\text{저울}\to\text{용기}}(\text{위쪽}) \qquad \text{③}$$

다음으로 두 물체 A와 B가 서로 힘을 작용할 때 'A가 B에 작용하는 힘'과 'B가 A에 작용하는 힘'은 크기가 같고 방향이 반대라는 뉴턴이 발견한 **작용반작용의 법칙**이 있다. 물과 용기, 용기와 저울 사이에 작용하는 힘의 작용반작용 법칙은

$$\text{힘}_{\text{용기}\to\text{물}}(\text{의 합력, 위쪽}) = \text{힘}_{\text{물}\to\text{용기}}(\text{의 합력, 아래쪽}) \qquad \text{②}$$

$$힘_{저울 \to 용기}(위쪽) = 힘_{용기 \to 저울}(아래쪽) \qquad ④$$

이 된다. 따라서 ①—②—③—④의 순서대로 따라가면

$$힘_{지구 \to 물}(아래쪽) = 힘_{용기 \to 저울}(아래쪽)$$

이 도출되어 '물에 작용하는 지구의 중력'과 '용기가 저울에 작용하는 힘'은 같은 크기이며, 물을 어떤 용기에 넣어도 같은 양이면 저울은 같은 값을 나타낸다는 것을 알 수 있었다.

역설적인 원인은 '물이 용기 바닥에 작용하는 힘'과 '물이 용기에 작용하는 힘의 합력'이 다르기 때문이다. 수압은 용기의 바닥뿐만 아니라 옆면에도 작용한다. (2)의 용기의 경우 용기의 옆면이 위아래 방향으로 받는 힘은 없다. 하지만 (1)은 위쪽으로, (3)은 아래쪽으로 힘을 받는다(그림 2). 따라서 용기 전체가 물로부터 받는 합력은 (1), (2), (3) 순으로 커진다.

그림 1 바닥 면적이 같은 용기에 같은 수위의 물이 들어 있을 때 어떤 용기의 물이 가장 무거울까?

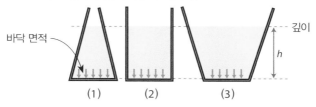

그림 2 옆면이 수압으로부터 받는 힘의 합력은 (1) 위쪽, (2) 0, (3) 아래쪽

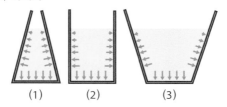

06

혈압이 140이라는 것의 의미

"나는 혈압이 150/100이라 약간 고혈압이에요"라고 말하는 사람이 있다. 이 사람이 병원 대기실에 놓여 있는 혈압계에 팔을 대고 스위치를 누르면 잠시 후

최고 혈압 150mmHg 최저 혈압 100mmHg

라고 인쇄된 종이가 나온다. 혈액을 순환시키기 위해 심장은 수축과 확장을 반복한다. 최고 혈압은 심장이 수축할 때 혈관 내 혈액의 압력이고, 최저 혈압은 심장이 확장할 때 혈관 내 혈액의 압력이다.

혈압이 150이라는 것은 혈압이 150mmHg라는 뜻이다. 한국의 계량법은 국제단위계를 따르고 있기에 압력의 단위는 파스칼(기호 Pa)이지만, 혈압의 경우 역사적 단위인 mmHg를 사용하고 있다.

압력 단위인 mmHg의 의미는 반세기 전까지 사용되던 혈압 측정법을 보여주는 그림 1을 보면 알 수 있다. 혈압을 측정할 때는 고무주머니에 펌프로 공기를 넣어 상완 동맥에 혈액이 흐르지 않는 상태가 될 때까지 압력을 높이고, 그다음 천천히 압력을 낮춘다. 고무주머니 속 공기의 압력이 최고 혈압보다 조금 낮아지면 심장이 수축할 때 혈액이 흐르는 소리가 청진기에 잡음으로 간헐적으로 들리게 된다. 이때 그림 1의 수은 기둥의 높이 h가 150mm(15cm)라면 최고 혈압이 150mmHg라는 뜻이다. 고무주머니의 압력을 더 낮추어 압력이 최저 혈압보다 조금 낮아지면 심장이 확장되어 있을 때도 혈액이 흐르게 되므로 청진기에 들리는 잡음은 연속적으로 들리게 된다. 이때 수은 기둥의 높이가 100mm(10cm)라면 최저 혈압은 100mmHg이다. 100mm 높이의 수은 기둥의 압력이 고무주머니 속 공기의 압력과 같

고, 혈관 속 혈액의 압력과 같다는 뜻이다.

　1기압의 대기압은 76cm 높이의 수은 기둥, 즉 760mm의 수은 기둥이 바닥을 누르는 압력과 같으므로(4−1 그림 3 참조), '1기압=760mmHg'이다. 따라서 150mmHg는 0.197기압이다(150÷760=0.197). 여기서 한 가지 주의할 점이 있다. 그것은 그림 1의 수은 기둥의 윗면을 대기가 1기압의 압력으로 누르고 있다는 것이다. 즉 혈액의 진정한 최고 혈압은 0.197기압에 1기압을 더한 1.197기압이다.

그림 1　반세기 전의 혈압 측정법

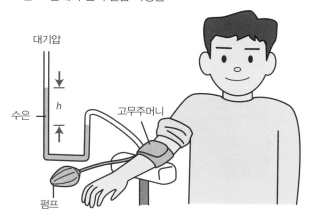

　그런데 물속으로 들어가면 점차 압력이 높아져 10m를 잠수하면 1기압, 즉 760mmHg만 높아진다. 이와 같은 이유로 머리의 혈압은 낮고 다리의 혈압은 높다. 그래서 혈압을 측정할 때는 팔과 심장의 높이가 같아지도록 한다.

　높이 10m인 물기둥의 압력은 약 1기압이므로 물속에서 깊이가 1.6m 다르면 압력이 0.16기압, 즉 122mmHg 차이가 난다. 하지만 서 있는 사람의 뇌의 혈압은 발끝의 혈압보다 122mmHg만큼 낮지 않다. 혈관을 수축시키는 등의 방법으로 뇌의 혈압이 너무 낮아지지 않도록 하고 있다.

누워 있던 사람이 갑자기 일어나면 어지럼증을 느끼는 경우가 있는데, 이는 일어설 때 혈압 조절이 잘되지 않아 뇌에 높이로 인한 혈압 저하가 일어났기 때문이다.

이와 관련된 현상으로 우주인의 얼굴이 우주에서 붓고 다리가 가늘어지는 현상이 있다(그림 2). 이는 위성 안에서는 무중력 상태가 되어 높이에 따른 압력 변화가 일어나지 않기 때문에 지상에서는 중력에 의해 아래로 내려가는 체액이 머리로 이동하기 쉽기 때문이다.

그림 2 우주에서 부어오르는 우주비행사의 얼굴

등에는 손이 닿지 않는 곳이 있다. 그곳이 가려울 때는 누군가에게 부탁해서 어떻게든 해결해야 한다. 주변에 아무도 없다면 예로부터 내려오는 효자손이라는 길쭉한 막대기로 긁는 수밖에 없다.

이렇게 손이 닿지 않는 곳에 힘을 작용시키는 한 가지 방법은 단단한 도구를 이용해 손의 힘을 전달하는 것이다. 자전거의 브레이크가 그 예다. 이때 지렛대 원리 등을 이용해 물체에 작용하는 힘을 강하게 할 수 있다.

힘의 전달에 액체도 사용된다. 액체로 물도 사용되지만 기름을 사용하는 경우가 많은데, 이 경우 유압으로 기계를 제어한다고 한다. 유압의 응용 기초에는 파스칼의 원리가 있다.

◆파스칼의 원리

정지된 액체는 내부 곳곳에서 서로 압력을 가하고 접촉하는 용기 표면에 압력을 가한다. 밀폐된 용기 안의 액체의 수압(유압)은 같은 높이에서는 같고, 높이에 따라 일정한 비율로 감소한다.

이 성질 때문에 밀폐된 용기 안에서 정지해 있는 액체의 한 지점의 수압(유압)을 일정 크기만큼 증가시키면 액체의 모든 지점의 수압(유압)은 같은 크기만큼 증가하게 된다. 이 사실은 파스칼이 1653년에 발견했기 때문에 파스칼의 원리라고 한다(기체는 압력을 가하면 밀도가 증가하기 때문에 파스칼의 원리는 성립하지 않음).

◆파스칼의 원리 응용

파스칼의 원리는 다양한 기계에 응용되고 있다. 가령 그림 1의 오일을 밀봉하고 있는 용기의 면 A에 새로운 힘 F를 가하면, 면 A에 접한 오일의 유압은 다음과 같이 증가한다.

$$\text{'유압의 증가'} = \text{'힘 } F\text{'} \div \text{'면 A의 면적 } S_A\text{'}$$

파스칼의 원리에 의해 오일의 모든 점의 유압이 같은 크기만큼 증가하므로, 오일이 면적 S_B가 큰 면 B를 아래에서 위로 누르는 힘 F의 크기는 다음과 같이 증가한다.

'유압의 증가' × '면 B의 면적 S_B'

$$= \text{'면 A를 아래로 밀어내는 힘 } F\text{'} \times \frac{\text{면 B의 면적 } S_B}{\text{면 A의 면적 } S_A}$$

면 B의 면적 S_B를 면 A의 면적 S_A보다 훨씬 크게 하면, 면 A에 그다지 큰 하강력을 가하지 않아도 면 B 위의 무거운 물건을 들어 올릴 수 있다. 이것이 유압잭의 원리이다.

그림 1 유압잭과 파스칼의 원리

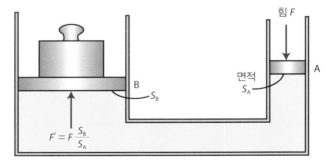

자동차의 브레이크 페달을 밟으면 발의 압력은 바퀴와 함께 회전하고 있는 드럼에 슈(또는 디스크에 패드)를 밀착시킨다. 페달을 밟는 힘을 브레이크에 전달하기 위해서는 유압이 이용되고 있다. 유압에 의한 압력의

전달은 그 외 항공기를 시작으로 널리 응용되고 있다. 덧붙여 기름에 기체가 섞이면 압력을 가해도 기체가 압축되므로, 압력의 전달 기능이 손상된다.

그림 2 파스칼의 원리를 이용한 지게차

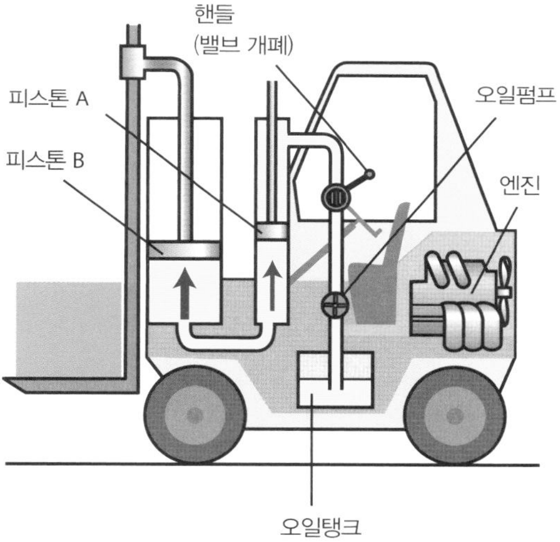

핸들
(밸브 개폐)

피스톤 A

피스톤 B

오일펌프

엔진

오일탱크

식은 그릇의 뚜껑과
마그데부르크 반구의 관계

식은 그릇의 뚜껑이 열리지 않아 곤란했던 경험이 있을 것이다. 안의 국물이 식으면서 그릇 안에 밀폐된 공기의 온도가 낮아져 압력이 낮아졌기 때문이다. 어떻게 해야 할까?

◆마그데부르크의 반구란?

1650년대 독일 마그데부르크 시장 게리케는 1650년대 16마리의 말을 이용해 대기압의 거대함을 보여주는 대규모 공개 실험을 했다. 그는 지름 50cm의 금속 중공 반구를 두 개 만들어 두 반구의 가장자리가 꼭 맞닿게 해서 속이 빈 공처럼 만들고, 자신이 발명한 진공 펌프로 안의 공기를 빼냈다. 그리고 공을 양쪽에서 각각 8마리의 말로 끌어당기게 했는데, 두 개의 반구를 떼어낼 수 없음을 보여줬다. 반구를 떼어내려면 밸브를 열어 공 안에 공기를 넣어야만 했다.

◆1기압이란 1cm²당 10kg의 무게

대기의 압력은 76cm 높이의 수은의 압력과 같다. 바닥 면적이 1cm²이고 높이가 76cm인 수은 기둥의 질량은 약 1kg이므로, 1기압은 면적 1cm²당 1kg의 물체를 올려놓았을 때의 압력이다.

지름 50cm의 원의 면적은 약 2,000cm²이므로 두 개의 반구를 떼어내려면 양쪽에서 2,000kg의 물체를 들어 올릴 때의 힘(2,000kg 무게)의 힘으로 끌어당겨야 한다. 물론 이것은 구의 내부가 완전한 진공 상태일 때이다.

◆기온이 내려가면서 압력이 낮아진다면 그릇 속의 압력은?

그릇의 경우를 생각해 보자. 부피가 일정한 경우 기체의 압력은 절대온

도(섭씨 +273도)에 비례한다(샤를의 법칙). 그릇 안의 국물 온도가 섭씨 80
도에서 30도로 내려가고, 뚜껑과 국물 사이의 공기 온도도 마찬가지로 내
려가면 절대온도는 353도에서 303도로 내려가므로 압력은 1기압에서 7분
의 6기압으로 낮아진다(그림 1).

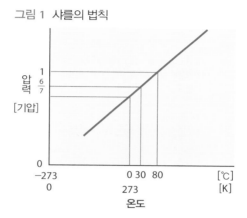

그림 1 샤를의 법칙

쉽게 설명하기 위해 그릇 뚜껑의 면적을 35cm^{2}로 가정하면, 대기가 뚜
껑을 위에서 35kg 무게의 힘으로 밀고, 그릇 안의 공기는 뚜껑을 아래에서
30kg 무게의 힘으로 밀어내고 있다. 따라서 5kg 이상의 짐을 들었을 때의
힘으로 뚜껑과 그릇을 위아래로 잡아당겨야 한다.

◆어떻게 하면 될까?

경험이 있는 사람은 뚜껑을 당기지 않고 양손의 엄지와 중지로 그릇의
가장자리를 끼워 변형시키면 작은 틈이 생겨 공기가 들어가고 뚜껑이 열린
다는 것을 알고 있다.

나는 선풍기를 애용한다(그림 1). 가을이 되면 선풍기를 분해해 먼지를 털어내고 보관해야 한다. 의외로 먼지가 가장 많이 묻어 있는 것은 바람을 차단하고 힘차게 돌리던 선풍기다. 왜 그럴까? 이유는 공기와 고체의 접촉면에서의 미끄럼 방지 조건 때문이다.

그림 1 선풍기의 날개에 붙은 먼지

◆ 점착 조건이란?

액체와 기체를 통틀어 유체라고 한다. 유체 속 물체의 운동이나 관 속 유체의 운동에는 유체가 분자로 구성되어 있다는 사실이 중요한 역할을 한다. 고체 표면에서는 고체 분자와 유체 분자 사이에 분자 간 힘이 작용하므로 고체에 대해 유체가 흐르지 않기 때문이다. 물리학에서는 이를 점착 조건이라고 한다.

◆ 점착 조건의 결과

점착 조건으로 인해 표면 바로 옆에서는 표면에 대한 유체의 속도는 무시할 수 있다. 그래서 선풍기 날개가 힘차게 바람을 일으키며 돌고 있어도 표면에 붙은 먼지가 있는 곳에서는 공기가 날개와 함께 돌고 있기에 먼지는 바람에 날아가지 않는다. 또한 테이블 위에 미세한 입자가 떨어져 있을 때는 불어서 털어내기가 어렵다. 헝겊으로 닦아내야 한다.

식기에 묻은 먼지를 물로 씻어내기 어렵고, 스펀지로 닦아내야 하는 것도 점착 조건 때문이다. 빠른 물살로 인해 강바닥의 돌에 이끼가 끼는 것도 점착 조건 때문이다. 강물의 흐름에 의해 강바닥이 침식된다고 하지만, 침식은 흐르는 물에 의해 직접적으로 일어나는 것이 아니라 강물이 운반하는 돌에 의해 일어나는 것이다.

◆ 점성력

유체 내부에 속도 차이가 있을 때, 유체를 구성하는 분자 사이에 작용하는 힘에 의한 속도 차이를 없애는 힘이 작용한다. 이 성질을 **유체의 점성**이라고 하며, 이 힘을 **점성력**이라고 한다. 예를 들어, 컵에 담긴 홍차를 숟가락으로 저으면 홍차는 빙글빙글 돌기 시작한다. 숟가락을 홍차 밖으로 꺼내면 홍차의 회전 속도는 점차 작아지고 결국 정지한다. 이 현상은 홍차 안에 작용하는 점성력과 컵 표면에서 점착 조건에 의해 발생하는 것이다.

10 | 열기구가 날 수 있는 이유

인류가 최초로 열기구를 타고 하늘 높이 올라간 것은 1873년이다. 현재의 열기구는 하단에 구멍이 뚫린 풍선에 곤돌라(바구니)가 부착된 구조로, 곤돌라에 탄 사람이 프로판 가스 버너로 풍선 안의 공기를 가열해 바깥 공기보다 밀도를 낮춰 풍선 안팎의 공기 밀도 차이에 의한 부력으로 부양하게 되어 있다(그림 1). 기구 하부의 구멍에서 안팎의 기압이 같으므로 구멍이 뚫려 있어도 문제가 없다.

열기구의 상승과 하강은 제어할 수 있지만, 수평으로 비행하는 것은 바람에 맡기고 고도에 따른 풍향의 차이를 선택하는 것 외에는 아무것도 할 수 없다. 그런데도 열기구를 타고 착륙하지 않고 세계 일주에 성공한 사람들이 있다.

◆ 열기구의 부력은?

열기구에는 나일론 천이 사용된다. 나일론의 융점은 섭씨 230도이며, 풍선 내부 공기의 온도를 섭씨 120도 정도까지 올려도 안전하다고 알려져 있다. 1m³(1세제곱미터) 공기의 질량은 섭씨 20도일 때 1.204kg, 섭씨 120도일 때 0.898kg이다. 따라서 기온이 섭씨 20도이고 풍선 속 공기의 온도가 섭씨 120도일 때 부피가 1,000m³인 풍선의 부력으로 들어 올릴 수 있는 질량은 풍선 속 가열된 공기의 질량 898kg과 풍선에 외부 공기가 들어갔을 때의 1,204kg의 차이인 306kg이 된다. 부피가 1,000m³인 풍선의 모양이 구라고 가정하면 지름이 12.4m인 공이다.

◆ 최초의 공중 유인 여행은 비행선

하늘을 나는 여행용 탈것으로 처음 실용화된 것은 공기에 비해 밀도가 작은 수소 가스가 들어있는 기구에 대기가 작용하는 부력을 이용하는 비행선(airship)이었다. 역사적으로 수소 가스는 위험하다는 이미지가 형성되어 현재는 헬륨 가스의 부력을 이용하고 있다.

1m³의 공기와 헬륨 가스의 질량 차이는 섭씨 20도의 경우 1.04kg이므로 큰 부력이 있어야 하는 비행선 풍선의 크기가 매우 큰 이유를 알 수 있다. 비행선이 상승할 때는 기체의 밀도를 낮추고, 하강할 때는 기체의 밀도를 높이면 된다.

비행선에서는 엔진으로 프로펠러를 회전시켜 수평 방향의 추력을 발생시킨다. 양력을 발생시키기 위해 고속으로 비행해야 하는 비행기와 달리, 비행선은 저공에서 천천히 비행할 수 있다는 장점이 있다(그림 2).

그림 1 열기구

그림 2 비행선

11 떠오르는 공의 비밀

야구 투수가 던지는 공의 경로에는 직선이 아닌 다양한 변화가 있을 수 있다. 예를 들어, 공의 진행 방향에 수직인 축을 중심으로 공을 회전시킴으로써 공이 뜨거나 가라앉았거나 옆으로 휘어지는 등 변화구다. 왜 변화하는 것일까?

공의 경로가 휘어지는 것은 휘어지는 방향으로 공기가 힘을 작용하기 때문이다. 공기가 공에 작용하는 힘은 압력이기 때문에 공의 경로가 휘어지는 것은 공의 양쪽에 압력의 차이가 생기기 때문이다. 이 압력의 차이는 다음 두 가지 성질에서 비롯된다.

(1) 회전하는 공은 주위의 공기도 회전시킨다.

(2) 시간적으로 변하지 않는 공기 흐름의 압력은 흐름이 빠를 때 낮아지고, 흐름이 느린 곳에서는 높아진다.

성질 (1)은 선풍기 날개 바로 옆의 공기는 날개와 같은 속도로 회전하는 고체 표면에서 유체가 미끄러지지 않는 조건으로 인해 발생한다(4-9 참조). 성질 (2)는 **베르누이의 정리**라고 하는데, 이 법칙에 대해서는 이 주제의 마지막에 소개할 것이다.

◆회전하면서 진행하는 물체에는 횡 방향의 힘이 작용 (매그너스 효과)

베르누이의 정리(성질(2))가 적용될 수 있는 것은 공기의 흐름이 시간적으로 변하지 않는 경우이다. 그러나 공기가 공중에 공이 이동할 때는 공기가 흐르는 위치가 시간에 따라 변화한다. 하지만 왼쪽으로 던진 공과 같은 속도로 이동하는 공 주변의 공기 흐름을 동영상으로 촬영하면, 그림 1과 같

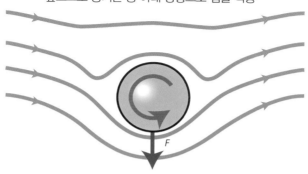

그림 1 미끄럼 방지 조건에 따라 회전하는 공의 표면 부근의 공기는 공과 함께 회전. 흐름이 느린 공의 위쪽 기압은 높으므로 공기는 공 아래 방향으로 힘을 작용

이 같은 위치에서 회전하고 있는 공 주위의 시간적으로 변하지 않는 오른쪽의 흐름의 영상을 얻을 수 있다. 이 기류에서는 성질 (2)가 성립한다.

그림 1의 공기의 흐름은 오른쪽으로의 균일한 흐름과 회전하는 공과 함께 시곗바늘과 반대로 회전하는 흐름(순환 기류)이 겹친 흐름이다. 따라서 두 흐름이 같은 방향이기 때문에 흐름이 빠른 공의 아래쪽 기압은 먼 곳의 기압보다 낮아지고, 두 흐름이 반대 방향이기 때문에 흐름이 느린 공의 위쪽 기압은 먼 곳의 기압보다 높아진다. 결과적으로 상하 기압의 차이로 인해 공기는 공에 하강하는 힘을 작용한다. 즉, 볼에 톱스핀을 걸면 볼은 타자가 예상했던 것보다 낮게 휘어지는 경로를 따라가게 된다.

그림 1을 위에서 촬영한 영상이라고 가정하면, 위에서 볼 때 공이 시곗바늘과 반대로 회전하도록 던지면 왼쪽으로 변화하는 공(우투수라면 슬라이더)이 된다는 것을 알 수 있다. 반대로 위에서 볼 때 공이 시계 방향으로 회전하도록 던지면 오른쪽으로 변화하는 공(우투수라면 슛)이 된다(그림 2). 또한, 공에 역회전을 걸면 공기는 공에 위쪽의 힘을 작용해 중력에 의한 낙하의 영향을 줄여주기 때문에 공의 경로가 직선에 가까워져 타자는 공이 떠오르면서 오는 것처럼 느끼게 된다(그림 2).

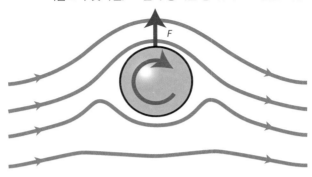

그림 2 흐름이 빠른 공의 위쪽 기압은 흐름이 느린 공의 아래쪽 기압보다 낮아짐. 그 결과 공기는 공 위쪽으로 힘을 작용

이처럼 공기 중에서 회전하면서 진행하는 물체에는 운동 방향에 수직인 힘이 작용한다. 이를 매그너스 효과라고 한다. 매그너스 효과로 인해 골프공, 축구공, 배구공 등 모든 공은 회전하면서 날아갈 때 진로를 틀어지게 된다.

참고로 실제 공의 표면에는 이음새와 요철이 있어 공의 진로에 복잡한 영향을 미친다.

◆베르누이의 정리

시간이 지나도 변하지 않는 흐름 속에 잉크를 점으로 흘려보내면 잉크가 흐르면서 여러 개의 선이 생긴다. 이런 흐름을 나타내는 선을 유선이라고 한다. 유체는 유선을 따라 흐르지만, 위치에 따라 높이와 속도가 변하고 기압과 수압이 변한다. 높이와 속도와 기압, 수압의 관계를 나타낸 것이 1738년 베르누이가 도출한 베르누이의 법칙이다,

운동에너지 + 위치 에너지 + 기압(수압) = 일정

이다.

공기나 물과 같은 유체에 대한 베르누이의 정리에서는,

$$운동에너지 = 밀도 \times 속도^2 \div 2$$
$$위치\ 에너지 = 밀도 \times 높이 \times 중력가속도$$

이다.

◆수평으로 운동하는 유체의 압력

운동에너지의 변화와 압력의 변화에 비해 높이의 변화에 따른 위치 에너지의 변화를 무시할 수 있는 경우의 베르누이의 정리는,

$$운동에너지 + 기압(수압) = 일정\ (수평으로\ 흐르는\ 경우)$$

가 된다. 이로부터 '시간적으로 변하지 않는 공기 흐름의 기압은 흐름이 빠른 곳에서는 낮아지고, 흐름이 느린 곳에서는 높아진다'라는 성질 (2)을 도출할 수 있다.

12 비행기가 나는 방법

  헬륨은 공기보다 밀도가 낮으므로 헬륨 풍선은 부력으로 상승한다. 비행선도 큰 기체에 헬륨이 들어있어서 부력으로 공중에 뜨는 것이다. 그렇다면 공기보다 밀도가 큰 비행기는 왜 날 수 있을까? 그것은 공기가 비행기에 상향 양력을 작용하기 때문이다. 양력의 원인을 비행기 조종사의 관점에서 생각해 보자.

  비행기가 일정한 속도로 수평으로 비행할 때, 조종사가 기체 밖을 보면 전방에서 오는 공기의 흐름은 시간적으로 일정한 흐름이다. 전방에서 다소 상승하면서 온 기류는 날개를 지나면 다소 하강하는 방향으로 흐른다(그림 1). 이 공기의 흐름은 전방에서 오는 균일하고 수평적인 흐름과 날개 주위를 시계 방향으로 순환하는 흐름이 겹친 흐름이다. 따라서 날개 위쪽의 기류는 날개 아래쪽의 기류보다 빠르다.

  그런데, 수평으로 운동하고 있는 유체의 정상 흐름에 대한

'운동에너지 + 기압 = 일정하다'

라는 베르누이의 정리가 있다. 즉, 기류가 빠른 곳은 기압이 낮고, 기류가 느린 곳은 기압이 높다. 그 결과 날개 아래쪽을 위쪽으로 누르는 공기의 압력이 날개 위쪽을 아래쪽으로 누르는 공기의 압력보다 커진다. 이것이 날개에 작용하는 양력이다.

  날개 주위를 순환하는 기류가 양력의 원인이라는 것을 알았다. 그렇다면 왜 날개 주위를 순환하는 기류가 흐르는 것일까? 활주로에서 움직이기 시작한 비행기의 날개 주위의 기류는 날개 후단 T 부근의 뒤쪽 점 S에 정체점이 있는 순환이 없는 흐름이다(그림 2).

그러나 이륙을 위해 가속을 하면 기류는 후단 T를 돌지 못하고 반시계 방향으로 소용돌이를 형성하고(그림 3), 소용돌이는 후방으로 멀어지고 정체점 S는 후퇴해 후단에 이르렀을 때 기류는 정상상태가 된다(그림 1). 즉, 양력의 원인인 날개 주위를 시계 방향으로 흐르는 순환 기류는 활주로에서 이륙할 때 날개 뒤쪽 가장자리에서 발생하는 소용돌이와 짝을 이루어 발생한다(그림 4). 역방향으로 회전하는 소용돌이는 활주로 부근에 남았다.

그림 1 조종사가 보는 기류는 전방에서 오는 일정하고 수평적인 흐름에 날개 주변을 시계 방향으로 순환하는 기류가 겹친 흐름

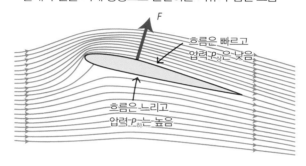

흐름은 빠르고
압력 $P_{상}$은 낮음

흐름은 느리고
압력 $P_{하}$는 높음

그림 2 움직이기 시작했을 때의 기류 흐름

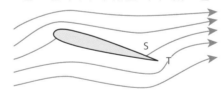

그림 3 이륙하기 위해 가속할 때의 기류 흐름

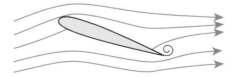

그림 4 소용돌이와 짝을 이루어 주위에 순환 기류가 발생

양력은 마주 보는 각도에 거의 비례하지만, 마주 보는 각도가 커지면 날개 뒤쪽에 소용돌이가 생겨 양력이 감소하고 저항이 급격히 증가해 속도를 잃는다.

실험에 따르면, 마주 보는 각도가 약 15도 이하에서는 양력의 크기는

'양력' = '비례상수'×'공기 밀도'×'기체 속도'^{2}×'주익의 면적'×'접선 각도'

로 표현된다. 비례상수는 날개의 모양 등에 따라 다르다. 비행기의 속도가 2배로 빨라지면 양력을 일정하게 유지하기 위해 접선 각도를 4분의 1로 줄여야 한다. 또한, 짐을 가득 싣고 같은 속도로 비행할 때 양력을 크게 하려면 접선 각도를 크게 해야 한다.

◆양력으로 풍속보다 빠르게 나아가는 요트

흐름 속 물체에 옆으로 작용하는 양력은 요트나 윈드서핑의 돛에도 작용한다. 요트의 돛을 바람의 방향과 거의 평행하지만 마주 보는 각도를 갖도록 방향을 잡고, 불어오는 바람이 돛을 쓰다듬도록 돛을 날개 모양으로 고정하면, 바람은 돛에 수직으로 양력을 작용한다(그림 5). 양력에는 요트의 방향에 수직인 성분 $F_\perp$가 있는데, 이는 요트 아래에 뻗어 있는 센터보드(그림 6)에 수직으로 작용하는 물의 저항력 N과 상쇄되므로 양력의 진행 방향 성분 $F_{//}$에 의해 요트는 전진한다.

양력은 공기의 흐름에 수직으로 작용하기 때문에 요트가 바람의 방향에 수직으로 나아갈 때 속도가 최대가 된다. 바람을 향해 똑바로 나아갈 수는 없지만, 바람을 향해 약 45도 각도까지는 나아갈 수 있다. 따라서 바람이 부

는 방향의 목적지까지 지그재그로 진행하면 된다. 설계에 따라 풍속보다 더
빠르게 나아가는 요트도 만들어지고 있다.

그림 5 요트는 바람에서 양력을 받아 나아감

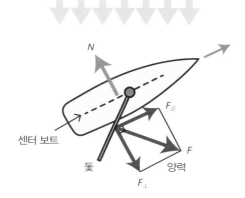

그림 6 요트의 구조

센터 보트

13

불리한 선두 주자

자전거 경주든 스피드 스케이팅 경기든 마라톤이든, 선두 주자는 공기 저항을 많이 받기 때문에 불리하고 바로 뒤에서 달리는 것이 유리하다고 한다. 그 물리적인 이유를 생각해 보자.

베르누이의 정리를 적용하기 위해 물체와 같은 속도로 움직이는 영상으로 관찰한다. 미끄럼이 없는 조건으로 인해 물체 표면에서 공기의 속도는 0이므로, 물체 표면 바로 옆에는 속도가 급격하게 변하는 부분이 존재하게 된다. 이 부분은 보통 얇은 층으로 되어 있어서 **경계층**이라고 한다. 그림 1에 경계층 바로 바깥쪽의 공기 흐름의 모습을 나타낸다.

그림 1 유체 속에서 고속으로 움직이는 물체의 뒤에는 소용돌이가 발생. 물체에는 속도의 제곱에 비례하는 관성 저항이 작용

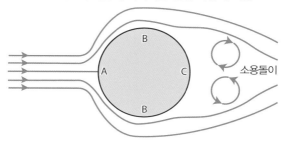

물체의 가장 앞부분 A에서 속도가 0이 된 공기의 흐름은 물체의 어깨 부분을 통과하는 동안 가속되어 점성이 없다면 점 B에서 속도가 최대가 되고 다시 감속되어 물체의 마지막 부분 C에서 속도가 0이 되어야 한다. 이 경우 유선은 좌우대칭이 되어 공기가 물체에 힘을 가하지 않는 비현실적인 상태가 된다. 그러나 공기의 흐름이 빨라지면 점성으로 인해 감속되어 마지막

부분 C에 도달하기 전에 흐름의 속도는 0이 되고, 경계층은 물체 표면에서 벗어져 물체 후방에는 소용돌이가 생긴다(그림 1).

소용돌이가 형성될 때 물체 뒤쪽의 기압은 물체에서 멀리 떨어진 지점의 기압(1기압)과 거의 같다. 최전방 A에서의 유속은 0이므로, 수평 흐름에 대한 베르누이의 정리인 '운동에너지+기압=일정하다'를 원거리와 점 A에서의 흐름에 적용하면,

최전방 A의 기압 = 1기압 + '원거리에서의 공기의 운동에너지'

가 되므로, 선두 주자 앞쪽의 기압은 뒤쪽의 기압보다

$$(\text{공기의 밀도}) \times (\text{속도})^2 \div 2$$

만큼 크다(신체가 받는 저항력은 이 기압 차에 바람을 받는 면적을 곱한 것). 그 결과 고속으로 운동하는 물체는 속도의 제곱에 비례하는 저항력을 받게 된다. 이를 **관성 저항**이라고 한다. 이에 반해 선두 주자의 바로 뒤에서 달리면 선두 주자가 만드는 소용돌이 때문에 몸의 앞뒤 기압 차가 작아 공기의 저항을 크게 받지 않는다. 따라서 피로가 적고 유리하다. 또한 그림 2와 같이 어깨에서 마지막 부분까지의 기압 상승을 완만하게 해서 경계층이 잘 벗겨지지 않도록 한 형태를 유선형이라고 한다.

그림 2 유선형

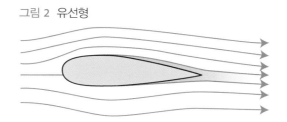

14

푸른 하늘에 떠 있는 구름이 떨어지지 않는 이유

구름은 대기 중에 떠다니는 다량의 물방울이나 얼음 알갱이가 모여 있는 것이다. 안개는 구름이 지면을 덮는 경우이지만, 안개는 공중에 떠다니는 미세한 물방울의 집합체다. 물과 얼음의 밀도는 공기의 밀도보다 약 천 배나 높다. 그렇다면 푸른 하늘에 떠 있는 구름은 왜 떨어지지 않는 것일까(그림 1)? 아래에서는 구름 알갱이를 물방울로 설명한다.

습도가 높아져 대기 중 수증기가 과포화되면 에어로졸이라고 불리는 공기 중에 떠다니는 미립자를 핵으로 물방울이 생긴다. 이렇게 만들어진 물방울(구름 알갱이)이 모인 것이 구름이다. 구름 알갱이가 생긴 직후의 크기는 0.01mm 정도 이하이다. 구름 알갱이는 질량을 가지고 있으므로 질량에 상응하는 중력이 작용한다. 구름 알갱이가 떨어지기 시작하면 공기가 구름 알갱이에 저항력을 작용한다(그림 2). 구름 알갱이의 속도가 느릴 때의 공기 저항을 점성

그림 1 푸른 하늘에 떠 있는 구름

그림 2 물방울에는 점성 저항이 작용

공기 저항

물방울

중력

저항이라고 하며, 그 크기는 구름 알갱이의 속도와 반지름 모두에 비례한다. 점성 저항은 속도에 비례하기 때문에 구름 알갱이의 속도가 증가하면 결국 저항력과 중력이 균형을 이루어 구름 알갱이에 작용하는 합력이 0이 되면 구름 알갱이

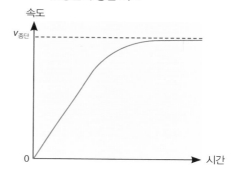

그림 3　물방울의 낙하 속도 $v_{종단}$은 물방울의 종단 속도

는 더 이상 가속되지 않고 **종단 속도**라고 하는 일정한 속도로 계속 떨어진다(그림 3).

　　반지름 0.01mm의 구름 알갱이의 종단 속도는 초속 1cm이므로 1분 동안 60cm밖에 떨어지지 않아 기류에 의한 이동 거리에 비하면 무시할 수 있는 수준이다. 이것이 바로 구름이 공중에 떠 있는 상황이다.

　　구름 대부분은 알갱이가 커지지 않는다. 종단 속도는 반지름의 제곱에 비례해 증가하기 때문에 반지름이 0.1mm라면 종단 속도는 초속 1m가 되지만, 상승기류의 속도는 초속 1m 이상이다. 상승기류가 없어도 구름 알갱이의 낙하 속도가 느리기에 구름 바닥에서 튀어나와도 지표면에 도달하기 전에 증발해 버린다. 이것이 푸른 하늘에 떠 있는 구름이 떨어지지 않는 이유다.

　　구름 알갱이에 수증기가 더 응결되어 구름 알갱이가 커지면 구름 알갱이는 빗방울이 되어 떨어진다. 그러나 구름 알갱이의 반지름이 약 0.2mm 이상이 되면 공기의 저항은 구름 알갱이 속도의 제곱에 비례하는 관성 저항이 되기 때문에 종단 속도는 그다지 크지 않다. 예를 들어, 반지름이 1mm인 빗방울의 낙하 속도, 즉 종단 속도는 약 6m/s이다.

15

욕조에 물을 너무 많이 채웠을 때

반세기 전과 비교하면 일상생활도 달라졌다. 옛날 삶의 지혜는 이제 쓸 모없는 지혜가 되어 버린 것이 많다. 예를 들어 수도꼭지로 욕조에 물을 너무 많이 채우는 실수를 한 적이 있다.

그럴 때는 사이폰을 이용했다. 1m 정도 길이의 고무호스 전체에 물을 채우고 양 끝을 오른손과 왼손의 손바닥으로 덮어 물이 쏟아지지 않도록 한다. 그리고 한쪽 끝을 욕조의 물속에 넣고 원하는 수위 위치에 놓는다. 다른 쪽 끝은 욕조 밖에서 물속 끝보다 낮은 위치로 가져간다. 이때 호스 끝에서 양손의 손바닥을 동시에 떼면 욕조 안의 물은 호스를 타고 욕조 밖으로 흘러나온다(그림 1). 수위가 욕조 안의 호스 끝부분까지 내려가면 물의 유출이 멈추기 때문에 욕조 옆에서 계속 지켜볼 필요가 없다. 쉽고, 안전하고, 편한 방법이었다.

그림 1 욕조에 사이폰

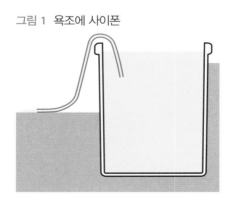

제5장

일상 속 물리학-
전기와 자기에 관한 의문

이 책의 마지막인 5장에서는 우리 생활에 없어서는 안 될 전기와 자기에 대해 알아보겠다. 전기와 자기의 기초부터 이를 응용한 제품에 대한 궁금증까지 다룰 예정이다. 다소 어려운 부분이 있을 수 있지만 꼭 필요한 지식이니 잘 익혀두도록 하자.

01 | 전기란 무엇인가?

6살짜리 손주가 "전기가 뭐예요?"라고 묻는다면 어떻게 답해야 할까?

이럴 때는 손에 있는 플라스틱 책받침이나 서류 파일을 겨드랑이 밑으로 문질러 머리카락에 가까이 댔을 때 머리카락이 따라 올라오는 것을 보여주면 어떨까? 그러면서 이런 말을 덧붙이는 거다. "문지르면 플라스틱에 전기가 쌓이고, 쌓인 전기가 주변 사물을 끌어당기는 거야. 전기는 가까운 것에 힘을 전달하는 성질이 있단다." 단 정전기 방지 가공을 한 플라스틱은 이런 현상이 일어나지 않으니 주의하도록 하자.

◆영어 일렉트릭(electric)의 어원은 호박의 그리스어

손주에게 학구적인 모습을 보여주고 싶다면 "전기는 영어로 일렉트릭이라고 하는데, 이 단어는 호박(소나무 수지의 화석)의 그리스어인 일렉트론(electron)에서 유래한 거란다. 옛날부터 모피나 모직물로 문질러 놓은 호박 막대기는 주변의 먼지나 머리카락 등 가벼운 물건을 끌어당기는 것으로 알려져 있었지. 그래서 '문지르면 가벼운 물건을 끌어당기는 것'이라는 뜻으로 일렉트릭이라는 이름을 붙인 거야"라고 덧붙이면 된다(그림 1). 일렉트

그림 1 담요나 모직물로 문지른 호박 막대는 대전 됨

릭은 '전기의'라는 뜻의 형용사다.

◆마찰전기에는 두 가지 종류가 있다는 것을 보여주는 간단한 실험

'전기력을 작용시킨다'라는 전기의 성질은 플라스틱 책받침 실험에서도 알 수 있다. 이 실험에서 전기의 힘은 항상 인력이며, 전기에는 양(플러스)과 음(마이너스), 두 가지가 있다는 것을 알 수 있다. 그래서 문구점에 가서 스카치 멘딩 테이프라는 마찰전기가 잘 생기는 테이프를 사 온다.

테이프를 잘라서 테이프 조각을 두 개 만들어 책상의 서로 다른 곳에 붙이고 갑자기 떼어낸 후 가져다 대면 두 테이프는 서로 반발한다(그림 2). 테이프를 책상에서 갑자기 떼어냈을 때, 같은 상황에서 두 개의 테이프에 붙는 전기는 같은 종류의 전기라고 생각할 수 있다. 따라서 같은 종류의 전기를 띠는 물체 사이에는 반발력이 작용한다는 것을 알 수 있다.

다음으로 테이프 조각을 두 개씩 떼어내어 한 개의 테이프 조각을 책상 위에 붙이고 그 위에 또 다른 테이프 조각을 붙인 후, 겹친 두 개의 테이프 조각을 책상에서 천천히 떼어내고, 겹친 두 개의 테이프를 갑자기 떼어내어 가까이 대면 두 개의 테이프는 서로 끌어당긴다(그림 3). 떼어냈을 때, 테이

그림 2 같은 종류의 전기는 반발함   그림 3 다른 종류의 전기는 서로 끌어당김

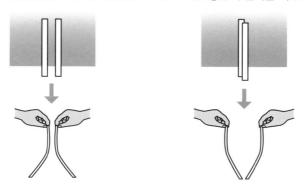

프의 점착제가 묻은 면이 띠는 전기와 점착제가 묻지 않은 면이 띠는 전기
는 서로 반발하지 않기 때문에 서로 다른 종류의 전기다. 따라서 서로 다른
종류의 전기를 띠는 물체 사이에는 인력이 작용한다는 것을 알 수 있다.

◆ 전기의 실체는 전자

두 물체를 문지르거나, 붙어 있는 두 물체를 떼어내면 두 물체에는 서로
다른 종류의 전기가 발생한다. 이 현상은 두 물체 사이에서 전자가 이동하
면서 발생하는 것으로 알려져 있다.

물질은 **원자**의 집합체이며, 원자는 중심에 있는 양전기를 띤 무거운 **원
자핵**과 그 주위를 둘러싸고 있는 음전기를 띤 **전자**로 구성되어 있다. 또한
원자핵은 양전기를 띤 **양성자**와 전기를 띠지 않은 **중성자**가 결합한 복합입
자이다.

그래서 우리는 행성이 태양 주위를 돌고 있는 그림 4와 같은 원자 모형
을 상상할 수 있다. 이때 전자를 구조도 크기도 없는 점과 같은 물체로 여긴
다. 하지만 원자 속 전자를 검출하려고 하면 전자는 원자 속에 구름처럼 퍼
져 있는 것을 알 수 있다. 따라서 원자핵 주위를 전자의 구름이 둘러싸고 있
는 그림 5와 같은 원자 그림이 양자론의 입장에서는 적절한 것이다.

그림 4 원자 속에 점 모양의 전자
가 원자핵 주변 궤도를 운
동하고 있다는 모형도는
부적절

그림 5 원자 안에서 전자는 원자
핵을 구름처럼 감싸고 있
다는 모형도가 적절

●양성자 ●중성자

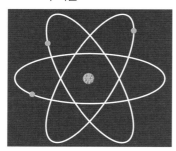

전자의 구름

원자핵

원자

전자의 질량은 양성자 질량의 약 2천분의 1에 불과하기에 두 물체가 접촉하면 물체 표면에 구름처럼 퍼져 있는 가벼운 전자는 원자핵이나 물체를 떠나 쉽게 다른 물체로 이동한다. 그래서 음전기를 띤 전자가 옮겨 온 물체는 음전자를 띠고, 전자가 떠난 물체는 양전자를 띤다. 이런 의미에서 물체가 띠는 전기의 실체는 전자라고 할 수 있다.

물리학에서는 물체나 원자핵, 전자 등이 띠고 있는 전기를 **전하**라고 부른다.

마찰로 발생한 전하의 실체는 전자라고 할 수 있지만, 전하의 실체는 무엇인가? 즉 전자와 전자 사이에 반발력이 작용하고, 전자와 원자핵(양성자) 사이에 인력이 작용하는 이유는 무엇인가? 이와 같은 본질적인 질문에 대한 물리학의 간단한 답은 아직 없다.

전자가 음전하를 띠는 이유

물체가 띠는 전하의 실체는 전자이다. 전자가 띠고 있는 전하가 마이너스 전하, 즉 음전하이다. 왜 음전하일까?

호박을 모피로 문지르면 호박과 모피는 서로 다른 전하를 띤다. 또한, 유리 막대를 견직물로 문지르면 유리 막대와 견직물은 서로 다른 전하를 띠게 된다(그림 1). 그리고 호박과 견직물이 띠는 전하가 같은 종류이고, 유리 막대와 모피가 띠는 전하가 같은 종류이다. 그래서 역사적으로 두 종류의 전기는 유리 전기와 수지(호박) 전기라고 불렸다.

그림 1 유리 막대를 견직물로 문지르면 대전 됨. 유리 막대가 띠는 전기는 처음에는 유리 전기로 불렸으나 프랭클린이 양전기로 명명

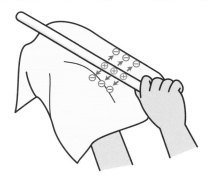

1747년 영국 식민지 시대의 미국인 프랭클린은 "유리 전기를 양전하로, 수지 전기를 음전하라고 한다면, 전하를 띠지 않은 두 물체를 문지르면 한쪽은 양전하를 띠고 다른 쪽은 음전하를 띠게 된다. 그리고 양전하를 띤 물체와 음전하를 띤 물체를 접촉하면 전기는 중화된다. 그래서 0⇒플러스+마

이너스, 플러스+마이너스⇒0이 되고, 부호를 고려한 전하의 합은 일정하다는 전하량 보존 법칙이 성립한다는 것을 발견했다.

프랭클린이 양전하, 음전하로 명명한 지 150년 후인 1897년, 톰슨이 발견한 전자가 띠고 있는 전하가 유리 막대가 띠고 있는 전하와 반대 부호라는 것을 알았다. 그래서 전자는 음전하를 띠게 된 것이다.

◆ 전자가 음전하를 띠고 있기에 불편한 것

그 결과 물리 교육에서는 불편한 일이 생긴다. 예를 들어 전선의 양 끝을 전지의 양극과 음극에 연결하면 전류의 방향은 전선에 가해지는 전압의 방향이므로, 전류는 양극⇒음극 방향으로 흐르게 되지만, 음전하를 띠는 전자의 이동 방향은 전류의 방향과 반대이므로 전자는 음극⇒양극 방향으로 이동한다(그림 2). 플러스와 마이너스에 익숙하지 않은 사람에게는 혼란스러운 일이다. 하지만 불편하다고 해서 지금 와서 전하의 부호를 바꾸는 것은 불가능하다. 만약 바꾼다면 전 세계 모든 배터리와 전기 기기의 +와 − 기호를 모두 뒤집어야 한다.

프랭클린이 수지 전기를 양전기로, 유리 전기를 음전기로 정했다면 이런 문제는 발생하지 않았을 것이다.

그림 2 음전하를 띤 전자의 전선 내 운동 방향은 전류의 방향과 반대

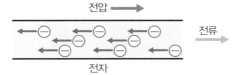

작은 종잇조각이 붙는 이유

유리 막대를 견직물로 문질러서 양전하를 띠게 하고 작은 종잇조각을 가까이 가져가면 종잇조각이 딸려 온다. 유리 막대는 양전하를 띠고 있지만 종잇조각은 전하를 띠지 않는다. 전기의 인력은 양전하와 음전하 사이에서 작용하는데 왜 전하를 띠지 않은 종잇조각이 딸려오는 것일까?

◆ 포일 검전기

이 의문에 답하는 장치가 그림 1의 포일 검전기이다. 양전하를 띠는 유리 막대를 포일 검전기 상단의 금속판에 가까이 가져가면 포일이 열린다 (그림 1). 유리 막대의 양전하 인력에 의해 금속 포일 속 전자가 금속 막대를 타고 금속판으로 이동하므로 전자가 부족한 금속 포일은 양전하를 띤 상태가 되고, 양전하 간의 반발력에 의해 포일이 열리는 것이다.

그림 1 검전기에 충전된 유리 막대를 가까이 댐

◆ 종잇조각이 딸려오는 이유

종이는 절연체(부도체)이기 때문에 전자는 종이 속을 자유롭게 돌아다닐 수 없지만, 양전하를 띤 유리 막대를 작은 종잇조각에 가까이 가져가면 종이 원자 내 전자의 분포가 그림 2와 같이 변화한다. 그 결과, 그림 3과 같이 전체적으로 종잇조각 속 음전하가 막대의 양전하에 의해 끌어당겨지고, 종잇조각 속의 양전하가 반발력에 의해 멀어지게 된다. 따라서 종잇조각에는 인력과 반발력이 작용하는데, 거리가 가까운 음전하에 작용하는 인력이면 양전하에 작용하는 반발력보다 크기 때문에 종잇조각은 유리 막대에 딸려오는 것이다.

그림 2 종잇조각에 대전 된
유리 막대를 가까이 댐
(미시적인 모습)

그림 3 종잇조각에 대전 된
유리 막대를 가까이 댐
(거시적인 모습)

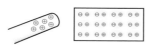

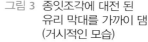

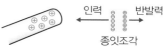

◆물체가 띠고 있는 전하의 부호를 알아내는 방법

어떤 물체가 전기를 띠고 있는지는 그 물체를 포일 검전기의 금속판에 가까이 대고 포일이 열리는지를 확인하면 된다. 그래서 검전기라는 이름이 붙은 것이다. 하지만 포일 검전기로는 물체가 띠고 있는 전하가 양전하인지 음전하인지 알 수 없다.

물체가 띠고 있는 전하가 양전하인지 음전하인지 판단하기 위해서는 부호를 이미 아는 전하를 띠는 물체에 가까이 가져다 대고 반발력을 받는지 인력을 받는지 알아보는 것 외에는 방법이 없다. 띠고 있는 전하의 부호를 아는 물체의 대표는 전자다. 요즘은 보기 힘들지만, 텔레비전에 사용되던 브라운관의 유리면은 전자총에서 나오는 전자에 의해 음전하를 띤다.

에레키테르(エレキテル)란?

일본에서 최초로 전기를 연구한 사람은 에도시대의 히라가 겐나이였다. 1776년 겐나이는 네덜란드에서 건너온 정전기에 의한 고전압 발생 장치인 에레키테르를 복원하는 데 성공했다. 당시 전기 기술을 보여주는 귀중한 역사적 자료로 중요문화재로 지정된 이 장치는 도쿄 오테마치에 있는 데이신 종합박물관에 전시되어 있다(그림 1).

네덜란드에서 발명된 에레키테르는 마찰 발전기에서 발생시킨 대량의 마찰전기를 콘덴서(축전기)에 저장했다가 방전시켜 구경거리나 의료기구로 사용한 것이다.

◆마찰 발전기

1660년경 게리케가 마찰을 통해 대량의 정전기를 만드는 마찰 기전기를 발명했다. 크고 둥근 유황 구슬에 축을 달아 돌리면서 마른 손바닥이나 가죽으로 문지르면 구슬에 대량의 마찰전기가 발생해 닿는 물건에 전기가 통하는 장치다(그림 2). 이윽고 유황 구슬 대신 유리구슬이나 유리병이 사용되기 시작했다. 에레키테르에는 유리병이 사용되었다.

그림 1 에레키테르   그림 2 마찰 기전기

※데이신 종합박물관 소장

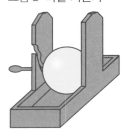

◆라이덴 병(콘덴서)

1745년경, 마찰 발전기에서 발생한 대량의 정전기를 저장할 수 있는 라이덴 병이라는 콘덴서(축전기)가 발명되었다. 병의 옆면과 바닥 앞뒷면에 주석 포일을 붙이고, 절연체로 만든 마개 중앙에 꽂은 금속 막대의 하단에 달린 쇠사슬이 병 안쪽의 주석 포일과 접촉하는 방식이다(그림 3). 기전기에서 발생한 전하를 전선으로 병 상단의 금속 구에 전달하면, 전하가 병 안쪽의 주석 포일에 전달되어 그곳에 저장된다. 이 전하가 항아리 바깥쪽의 주석 포일에 역방향의 전하를 끌어당기기 때문에 항아리 안쪽과 바깥쪽의 역방향 전하 사이에 작용하는 인력으로 인해 라이덴 병에는 많은 양의 전기가 저장된다.

◆에레키테르

젠나이가 만든 에레키테르는 회전하는 유리병에 금박을 베개로 눌러 마찰전기를 발생시켰다(그림 4). 마찰전기는 집전용 금속 빗과 쇠사슬을 통해 축전 병에 전달된다. 축전 병(라이덴 병)은 초기 모델로, 주석 포일을 붙이지 않고 병 안은 고철로 80퍼센트 정도 채워져 있다. 축전 병에서 구리 선이 위로 뻗어 있고, 끝이 2단으로 나뉘어져 있다(그림 1). 손잡이를 돌려 유리병을 회전시키면 고전압이 발생하고, 접지된 금속 막대를 구리 선 끝부분에 가까이 대면 딱딱 소리와 함께 불꽃이 튀는 것을 볼 수 있다.

그림 3 라이덴 병

그림 4 위에서 본 에레키테르의 내부

※데이신 종합박물관 소장

◆라이덴 병에 많은 양의 전기가 저장되는 이유

전하를 운반해서 금속을 효과적으로 충전하는 방법을 생각해 보자. 그림 5와 같이 운반된 전하로 평평한 금속판을 대전시키려고 해도 일부 전하만 금속판에 전달된다. 이때 그림 6과 같이 양전하를 띤 물체를 작은 구멍이 뚫린 속이 비어 있는 금속 구슬 껍질에 넣어보자. 대전체의 전하가 금속의 전자에 미치는 전기적 힘으로 구체의 내면은 음전하를 띠고 외면은 양전하를 띠게 된다. 그래서 대전체를 구체의 내면에 접촉하면 대전체의 양전하와 내면의 음전하가 서로 상쇄되어 전하가 사라지고, 구체의 외면에 양전하가 균일하게 분포하게 된다. 만유인력과 마찬가지로 전기력의 세기는 거리의 제곱에 반비례하기 때문에 '땅속 세계'에서 설명한 것과 같은 원리로, 구체의 내부 빈 공간에서는 전기력이 작용하지 않으므로 전기장은 0이다. 금속판의 경우와 달리 운반된 전하가 모두 구를 감싼 껍데기로 이동하기 때문에 전하는 금속 껍데기를 향해 효율적으로 이동한다.

금속 구의 경우와 마찬가지로 대전 된 금속의 빈 깡통 내부의 전기장도 거의 0에 가깝다. 이 사실은 충전된 금속 깡통의 바깥쪽에 코르크 구를 실로 매달면 강하게 당겨지지만(그림 7a), 코르크 구를 깡통 안에 넣으면 힘이 작용하지 않는다는 사실에서 알 수 있다(그림 7b). 금속 구 껍데기와 마찬가지로, 그림 3의 라이덴 병 안쪽 주석 포일로 전하가 효율적으로 이동할 수 있음을 알 수 있었다.

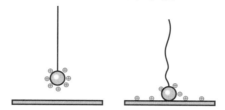

그림 5 금속판은 대전 되기 어려움

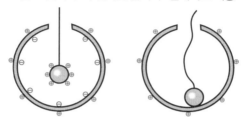

그림 6 금속 구의 전하는 금속 구 껍데기로 이동

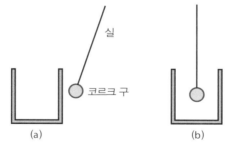

그림 7 대전 된 금속 캔과 코르크 구

실

코르크 구

(a)

(b)

05

스위치를 켜면 곧바로 전구가 켜지는 이유

알전구와 건전지, 스위치를 전선으로 연결한 회로가 있다(그림 1). 스위치를 켜면 전구에 바로 불이 들어온다. 왜일까? 전구가 켜지는 것은 필라멘트에 전류가 흐르면서 열이 발생해 온도가 상승해 빛을 발산하기 때문이다. 에너지가 건전지에서 전구까지 전달되어 열과 빛이 된 것이다.

전류는 금속 안을 자유롭게 이동할 수 있는 자유전자의 흐름이다. 스위치를 닫을 때 필라멘트를 가장 먼저 흘러서 전구를 켜는 전자는 스위치를 닫는 순간 건전지를 출발해 전선을 타고 알전구에 도착한 자유전자일까?

◆ 전선을 흐르는 전자의 평균 속도는 초속 100분의 1밀리미터

답은 '아니다'이다. 0.3A의 전류가 1m² 단면적의 전선을 흘렀을 때 자유전자의 평균 속도를 계산해 보면 초속이 100분의 1mm라는 것을 알 수 있다. 전선 속 자유전자는 전기적 힘을 받아 가속되지만, 곧바로 열 진동하는 금속 이온에 충돌해서 산란하기 때문에 자유전자의 흐름은 매우 느리다. 이렇게 되면 건전지 안의 자유전자가 전구에 도달하는 데 1시간 이상 걸린다.

스위치를 닫았을 때 알전구의 필라멘트 안에서 가장 먼저 움직이기 시작하는 전자는 원래 필라멘트 안에 있던 전자이다.

◆ 전위 변화는 스위치에서 필라멘트까지 광속으로 전달

스위치를 닫기 전까지는 배터리의 양극에서 전구를 거쳐 스위치 앞까지는 등 전위로 +1.5V, 배터리의 음극에서 스위치까지는 등 전위 0V이다. 등 전위의 전선이나 전구의 필라멘트 속 자유전자에 전기적 힘이 작용하지 않는다(그림 1).

스위치를 닫는 순간 접점에서의 1.5V의 전위차는 0V다. 이를 계기로 전위 변화가 전선을 따라 필라멘트 끝부분까지 광속으로 전달되어 건전지 음극에서 필라멘트 끝부분을 잇는 전선의 모든 지점에서 전위 값이 0이 된다(그림 2). 그 결과, 필라멘트 양단에 1.5V의 전압이 가해져 필라멘트에 전류가 흐르고 전구에 불이 켜진다. 그래서 스위치를 닫으면 바로 전구가 켜지는 것이다.

주변기기를 컴퓨터 본체와 **동축 케이블**로 연결해 사용할 때도 컴퓨터 본체에서 정보가 고주파의 전위 변화로서 동축 케이블을 통해 광속으로 전달된다.

그림 1 스위치를 닫기 전 회로의 전위   그림 2 스위치를 닫은 후 회로의 전위

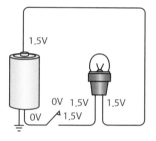 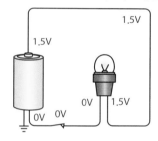

06

전자파란 무엇인가?

전자파라는 말을 자주 듣는다. 빛이 전자기파라는 말을 들어본 사람도 많을 것이다. 전자기파에는 다양한 파장의 것들이 있는데, 파장에 따라 크게 전파, 적외선, 가시광선(빛), 자외선, X선, 감마선으로 나뉜다.

◆ 빛과 전파는 모두 전자기파

빛은 파장이 약 2,000분의 1mm인 전자기파이고, 전파는 파장이 10분의 1mm 이상인 전자기파이다. 하지만 눈에 보이는 빛과 눈에 보이지 않는 전파가 같은 종류의 파동이라고 해도 직관적으로 이해하기 어렵다. 빛은 눈에 보이지만 전파가 보이지 않는 이유는 태양이 방출하는 전자기파 중 가장 강도가 강한 것이 가시광선이기 때문이다. 인류의 눈은 빛을 감지하는 쪽으로 진화해온 것으로 추정된다.

하지만 파장이 약 2,000분의 1mm인 전자파를 생물이 파동으로 감지하는 것은 어렵기 때문에 인간은 3원색에 기반한 정보처리를 통해 빛을 감지하고 있다(2-7 참조). 그러나 인간은 전파를 감지하는 기관을 가지고 있지 않기 때문에 텔레비전이나 휴대전화 등의 전자파를 감지할 수 없다. 그래서 빛과 전파가 같은 종류의 파동이라고 해도 잘 이해가 되지 않는 것이다.

◆ 빛은 어떤 진동을 전달할까?

수면파는 물의 진동이 전달되는 현상이고, 지진파는 지각의 진동이 전달되는 현상이다. 전자파는 어떤 진동이 전달되는 현상일까? 전자파는 물질이 존재하지 않는 진공 속에서도 전달된다. 물리학 교과서에는 전자파는 전기장과 자기장의 진동이 전달되는 현상이라고 적혀 있다. 하지만 전기장과 자기장은 이해하기 어렵기 때문에 '전자기파는 전기력선과 자기력선의 진동이 서로 얽혀서 전달되는 현상이다'라고 설명하겠다. 이를 위해 먼저 자력선과 전기력선을 소개한다.

◆ 자력선이란?

그림 1은 막대자석 위에 책받침을 놓고 철가루를 뿌려 흔들었을 때 철가루가 만들어내는 곡선 사진이다. 책받침 위에 자석을 놓으면 철가루가 만드는 곡선의 방향을 향한다. 그래서 그림 2와 같은 곡선 군을 그리게 되는데, 방향이 있는 곡선을 자력선이라고 한다. 자침의 N극에 작용하는 자기력의 방향은 자력선의 방향과 일치하고, 자기력의 세기는 자력선의 밀도에 비례하므로 자기력의 모습은 자력선으로 표현된다.

전류도 자기력을 작용한다. 그림 3은 직선 전류 주변의 자력선 그림이다. 이 경우 자력선은 전류를 둘러싸고 있는 동심원이다.

그림 1 막대자석 위의 책받침에 철가루를 뿌림

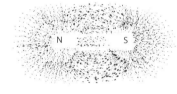

그림 2 막대자석 주변의 자력선

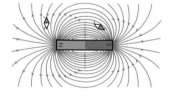

그림 3 직선 전류 주위의 자력선은 동심원

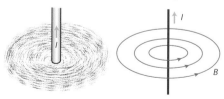

◆ 전기력선이란?

전하를 가져왔을 때 전하에 작용하는 전기적 힘의 모습을 나타내는 것이 전기력선이다. 같은 크기의 양전하와 음전하가 있을 때의 전기력선을 그린 것이 그림 4이다. 어떤 지점에 양전하를 가져왔을 때는 그 지점을 통과하는 전기력선의 방향으로 전기력이 작용하고, 음전하를 가져왔을 때는 반대 방향의 전기력이 작용한다.

그림 4 양전하와 음전하의 주변 전기력선

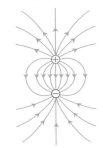

◆ 전자파는 안테나의 진동 전류에 의해 발생하는 횡파

양 끝에 금속 구가 달린 금속 막대에 진동 전류를 통하게 하면 주변에 그림 3과 같은 형태의 자력선과 그림 4와 같은 형태의 전기력선이 발생해 멀리까지 전달된다. 금속 구의 전하와 금속 막대의 전류는 시간에 따라 변화하기 때문에 새로운 전기력선과 자기력선이 계속 발생한다. 자력선이 시간이 흐르면 전기력선으로 유도되고 전기력선은 시간이 흐르면 자기력선이 유도되는 성질이 있기에 진행 방향에 수직인 전기력선과 자기력선은 서로 얽히고 진동하면서 횡파로 퍼져나간다. 이렇게 공간을 통과하는 파동이 전자파이며, 전자파가 전달되는 모습을 그림 5에 나타냈다. 그림 5에서는 전기력선과 자기력선을 구분해 그렸지만, 원래는 함께 그려야 한다.

이렇게 횡파의 전자파가 안테나의 진동 전류를 기점으로 전파되는 모습을 이해할 수 있을 것이다. 그림 6은 안테나에서 멀리 떨어진 곳에서 전파되는 전자파를 나타낸다.

1864년 맥스웰은 전자기파의 속도를 이론적으로 계산해 초속 30만km임을 밝혔는데, 1849년 빛의 속도가 초속 30만km라는 사실이 밝혀졌기 때문에 빛도 전자파의 일종이라는 것을 알 수 있다.

그림 5   전자파의 전반(위가 전기력선, 아래가 자력선)

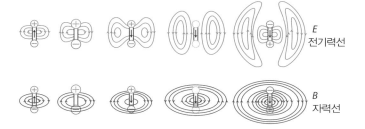

E
전기력선

B
자력선

그림 6   안테나에서 멀리 떨어진 전자파

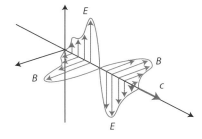

07 위를 보고 걸으면?

반세기 전에 유행했던 '위를 보고 걷자(上を向いて歩こう)'라는 노래가
있다. 거리에서 위를 보며 걷다 보면 옥상에 서 있는 '야기-우다 안테나'를
볼 수 있는데(그림 1). 이는 1926년 야기 슈지와 우다 신타로가 발명한 안
테나다. 옥상의 TV 안테나를 보고 무엇을 알 수 있을까?

◆송신소 방향 알아보기

텔레비전 전파는 송신소에서 나온다. 야기-우다 안테나는 지향성이 강한
안테나여서 수신용 안테나는 송신소 쪽을 향해 설치되어 있을 것이다. 안테
나를 보면 송신소가 어느 방향에 있는지 짐작할 수 있다.

TV 전파를 수신하기 위해서는 전파가 안테나의 금속 막대 속 전자를 진
동시켜 진동 전류를 발생시켜야 하므로, 전파의 진동 방향과 안테나의 금속
막대는 평행하게 설치되어 있다. 전자파는 횡파이므로(그림 2), 전파의 진
행 방향은 안테나의 금속 막대 방향과 수직이다. 진동 전류가 흐르는 안테
나의 금속 막대는 여러 개의 평행한 짧은 막대이므로, 송신소의 방향은 짧
은 막대와 수직인 수평의 긴 막대 방향이다. 그림 1의 경우 송신소는 왼쪽
에 있다.

◆전파의 진동 방향은 수평 방향

전자파는 서로 수직인 횡파의 전파(전기장 E의 진동)와 횡파의 자파(자
기장 B의 진동)가 서로 얽혀서 전달되는 파동이다(그림 2). 그림 1의 야기-
우다 안테나의 짧은 금속 막대가 수평으로 설치되어 있다는 사실에서 전파
의 진동 방향이 수평 방향임을 알 수 있다.

◆VHF 수신용 안테나와 UHF 수신용 안테나

2010년 기준 TV는 주파수 470~770MHz(파장 39~64cm)의 UHF(극초단파)와 주파수 90~222MHz(파장 3.3~1.35m)의 VHF(초단파)를 이용하고 있다. 야기-우다 안테나의 막대 길이는 반 파장이므로, 그림 1의 위쪽 안테나가 VHF용, 아래쪽이 UHF 용이라는 사실을 알 수 있다.

2011년 7월 24일에 아날로그 TV 방송이 종료되었다. 지상파 디지털 TV 방송은 UHF를 사용하기 때문에 VHF 안테나로는 수신할 수 없게 되었다.

또한, 도쿄 지역에서는 송신소가 도쿄 타워에서 도쿄 스카이트리로 이전했다. 이때 TV 안테나의 방향을 바꿔야 하는지가 궁금하다. 전문가에 따르면 전파가 강하기 때문에 안테나의 방향을 바꾸지 않아도 수신할 수 있다고 한다.

그림 1 야기-우다 안테나

그림 2 TV 전파의 진동 방향은 수평 방향

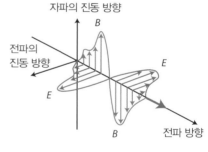

자파의 진동 방향

전파의 진동 방향

전파 방향

08

파라볼라 안테나의 원리

길을 걷다 보면 옥상이나 베란다에 그림 1과 같은 둥글고 하얀 접시 모양의 장치를 볼 수 있다. 지구 자전과 같은 주기(1일)로 적도 위를 공전하기 때문에 보이는 정지위성이 중계하는 위성방송의 전파를 수신하는 파라볼라 안테나다. 파라볼라 안테나는 정지위성 방향을 향한다.

◆파라볼라 안테나는 포물선형 안테나

적도에서 높이가 3만 6천km나 되는 정지위성의 전파를 수신해 TV로 시청할 수 있는 것은 위성에서 안테나의 둥근 접시(반사판)로 들어오는 전파를 접시 앞쪽 아래쪽의 방사기라고 불리는 전파를 집어넣는 장치(실제로는 안테나)로 보낼 수 있기 때문이다. 그 핵심이 바로 **파라볼라**라는 단어가 나타내는 형태이다.

파라볼라의 원래 의미는 돌이나 공 등을 던졌을 때의 경로를 나타내는 포물선(2차 곡선)이다. 이 포물선을 축으로 삼아 돌렸을 때 생기는 면을 **포물면**이라고 하는데(그림 2), 그 일부를 둥글게 잘라낸 것이 파라볼라 안테나의 형태이다.

고대 그리스 시대부터 포물선은 하나의 직선(L)까지의 거리와 하나의 점(F)까지의 거리가 같은 점들의 집합으로 알려져 있었다(그림 3). 또한, 반사면이 포물면인 거울을 향해 광선을 축에 평행하게 입사시키면, 거울에서 반사된 모든 광선은 점 F에 모이는 것으로 알려져 있었다. 그래서 점 F를 초점이라고 부른다.

포물면의 축과 평행하게 진행해 반사면에서 초점 방향으로 반사된 전파의 정지위성에서 초점까지의 경로 길이는 정지위성에서 직선 L까지의 거리와 같다. 따라서 모든 전파의 경로 길이는 같기에 초점에서는 모든 전파의 산과 골짜기 상태가 일치하고 전파가 강해진다. 그래서 전파를 수신하는 부품인 방사기는 반사판의 방사면 초점에 설치된다.

　참고로 방사기라는 이름은 포물선 안테나를 송신용으로 사용할 때 전파를 방사하는 부품이라는 데서 유래했다.

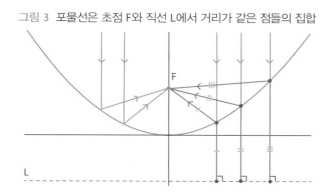

그림 1　**파라볼라 안테나**

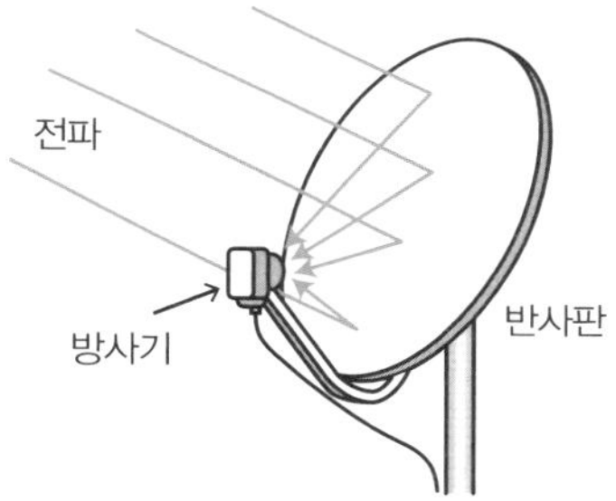

전파

방사기

반사판

그림 2　**포물면**

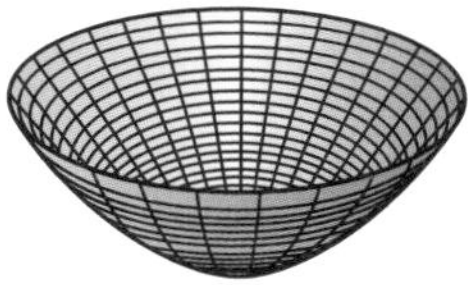

그림 3　**포물선은 초점 F와 직선 L에서 거리가 같은 점들의 집합**

F

L

09

휴대전화를 알루미늄 포일로 싸면 어떻게 될까?

주간지에 실린 소설을 읽는데 다음과 같은 이야기가 실려 있었다. "혼자서 특급열차 우등석에 앉아 있던 초등학생의 휴대전화로 어머니에게서 전화가 걸려 왔다. 통화를 끝내고 전화기를 집어넣자 옆에 앉아 있던 할아버지가 '전원을 꺼라'라고 했다. 소년은 휴대전화를 꺼내 '이건 키즈폰이라 전원을 꺼도 잠시 후 자동으로 전원이 켜지고 비밀번호를 모르면 꺼지지 않는다'라고 답했다. 그러자 할아버지는 '우등석 말고 다른 자리로 이동하라'고 말했다. 이를 지켜보던 물리학자로 보이는 남자가 아이가 먹던 주먹밥을 쌌던 알루미늄 포일로 휴대전화를 감싸며 '이러면 된다. 알루미늄 포일은 전파를 차단한다. 자리를 옮길 필요가 없다'라고 말했다."(東野圭吾,『週刊文春』, 2010년 1월 14일 자)

◆휴대전화를 알루미늄 포일로 감싸면 통화가 되지 않음

이 이야기를 읽자마자 유선전화로 알루미늄 포일로 감싼 휴대전화로 전화를 걸어보고, 휴대전화를 감싼 알루미늄 포일 위에서 버튼을 눌러 유선전화로 전화를 걸어 봤으나 걸리지 않았다.

휴대전화에 전화를 걸면 휴대전화의 안테나에 진동 전류가 흐르면서 주변에 진동 전기장과 진동 자기장을 발생시킨다. 전기장과 자기장은 서로 얽히면서 전자파가 되어 공간을 이동한다.

전기장은 전기를 띤 입자에 전기적 힘을 주므로 안테나에 전자파가 도달하면 전자파의 진동 전기장이 안테나 안의 전자에 진동하는 전기적 힘을 작용시킨다. 그래서 전화를 받을 수 있는 것이다. 또한 전자파는 심장 박동기를 오작동시킬 수 있다.

◆전기 차폐

전자파가 금속에 입사하면 금속 표면의 전자에 전기적 힘을 작용해 표면에 전류를 흐르게 하지만, 금속 내부로 들어가지 않고 표면에서 반사된다. 이것이 금속에 의해 빛이 잘 반사되는 이유다.

금속에 들어가지 않는 것은 전자파뿐만이 아니다. 전기를 띤 입자에 작용하는 전기적 힘도 금속 내부에는 닿지 않는다. 그림 1a의 포일 검전기에 양전하를 띠는 유리 막대를 가까이 대면 전기적 힘으로 두 장의 포일이 벌어진다. 그러나 포일 검전기를 금속 상자에 넣으면 양전하를 띤 유리 막대를 가까이 가져가도 포일 검전기의 포일은·열리지 않는다(그림 1b). 유리 막대 옆의 금속 상자 외면에 금속 속 음전하를 띤 전자가 끌어당겨 유리 막대의 전기력이 금속 내부로 전달되는 것을 방해하기 때문이다.

도체로 둘러싸인 공간은 외부의 전하나 전자파의 영향을 받지 않는다. 이를 전기 차폐라고 한다. 자동차에 벼락이 떨어져도 차 안에 있는 사람은 금속 차체가 번개의 전기를 차폐하기에 안전하다. 이는 전기 차폐의 대표적인 예다.

그림 1 전기 차폐: 금속 상자 안까지 외부 전하의 영향은
        미치지 않음

(a)

(b)

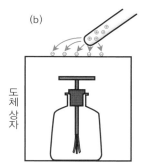

도체 상자

10

지구가 커다란 자석?

◆ 지구는 커다란 자석

자석의 양 끝에는 자력이 작용하는 자극이 있다. 길쭉한 자석의 중앙을 받쳐서 자유롭게 회전할 수 있도록 하면 자석에는 언제나 북쪽을 향하는 N극과 언제나 남쪽을 향하는 S극, 두 가지 자극이 존재하는 것을 알 수 있다. 자석이 남북을 향하는 원인은 지구가 큰 자석이기 때문이다.

◆ 커다란 자석인 지구의 S극은 북극 근처

지구의 북극 근처에 있는 자극은 자석의 N극을 끌어당기기 때문에 자극으로서는 S극이고, 남극 근처에 있는 자극은 N극이다. 지구 자석의 S극은 캐나다 북부의 허드슨만 지역에 있고, 지구 자석의 N극은 호주 남부의 남극대륙 주변부에 있다. 그 결과, 일본에서는 나침반의 바늘은 정북이 아닌 6~10° 서쪽을 향한다.

그림 1에 지구 부근의 자력선을 표시했다. 자력선의 방향은 자석의 N극에 작용하는 자기력의 방향이다. 태양이 다량의 양성자와 전자를 끊임없이 방출하기 때문에 자력선의 모양은 이 그림의 형태에서 벗어난다.

◆ 지자기의 세기와 방향의 변화

지자기의 세기는 시간이 지남에 따라 변화하고 있으며, 수십만 년에 한 번 정도의 빈도로 방향이 바뀐다. 이 사실은 마그마가 상승해 해저에서 굳어 암

그림 1 지구 자기장의 자력선

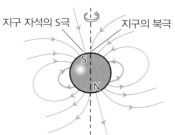

석이 될 때의 지자기 방향으로 자화(磁化)한다는 사실을 이용해 발견했다.
암석이 용출구 방향으로 자화하는 사실을 이용해 발견되었다. 암석이 용출
구에서 양쪽으로 서서히 이동하며 생긴 해저에 N극 부분과 S극 부분이 수
십 km 간격으로 줄무늬를 만들었기 때문이다(그림 2).

그림 2 지자기도

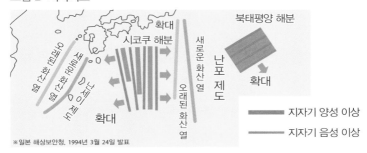

※일본 해상보안청, 1994년 3월 24일 발표

◆지구의 핵에 흐르는 원형 전류

지구의 구조는 지표에서 약 3,000km까지는 암석으로 이루어진 맨틀이
고, 그 안쪽에는 코어(핵)의 액체 부분(외핵)이 약 2,000km 두께로 존재하
며 고체 내핵을 둘러싸고 있다(그림 3).

지구가 큰 자석인 이유는 액체 상태의 전기저항이 작은 외핵을 흐르는
큰 원형 전류 때문으로 알려져 있다. 원 전류의 방향은 동쪽에서 서쪽이다.

그림 3 지구의 구조

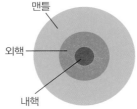

11

자석의 N극과 S극을 분리할 수 없는 이유

모든 자석에는 N극과 S극이 있다. N극과 S극은 서로 끌어당기고 N극과 N극, S극과 S극은 서로 밀어내는 자기력의 성질은 양전하와 음전하가 끌어당기고 양전하와 양전하, 음전하와 음전하가 밀어내는 전기력의 성질과 유사하다.

한편, 도체의 양 끝에 나타나는 양전하와 음전하를 분리할 수는 있지만 (그림 1) 자석 양 끝의 N극과 S극을 분리해 N극만 있는 자석이나 S극만 있는 자석을 만들 수는 없다. 자석을 두 개로 자르면 절단면에 N극과 S극이 나타나 두 개의 자석이 된다(그림 2).

그림 1 양전하와 음전하는 분리 불가능

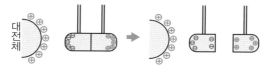

그림 2 자석의 N극과 S극은 분리 불가능

◆단독 자극이 발견되지 않는 이유

단독 자극이 발견되지 않는 이유는 자석을 계속 쪼개면 철 원자의 집단이 되는데, 철 원자 안의 전자는 작은 자석이라 전자를 쪼갤 수 없기 때문이다(그림 3).

전하의 경우 전자가 음전하를 띠고 양성자가 양전하를 띠기 때문에 양전하를 띠는 물체와 음전하를 띠는 물체가 존재하게 된다. 그러나 물질을 구성하는 소립자 중 N극만 가진 소립자나 S극만 가진 소립자는 존재하지 않기 때문이다.

전자는 음전하를 띠지만 크기는 측정할 수 없을 정도로 작아서 구조가 없는 점 입자로 간주한다. 하지만 스핀이라는 자전 운동을 하는 것으로 알려져 있다. 양자역학이 지배하는 원자의 세계를 뉴턴역학이 지배하는 일상의 세계와 똑같이 볼 수는 없지만, 그림 4 왼쪽의 원 전류가 오른쪽의 막대자석과 같은 자기력을 주변에 미치는 사실로 유추해 보면 스핀이라는 자전 운동을 하는 전자가 미세자석의 N극과 S극이 작은 자석인 이유를 이해할 수 있을 것이다.

그림 3　자석은 전자라는 매우 작은 자침의 집합

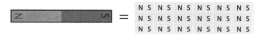

그림 4　코일을 흐르는 원형 전류는 자석처럼 작용

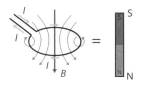

12

못이 자석에 붙는 이유

자석을 쇠못에 가까이 가져다 대면 쇠못을 끌어당긴다. 쇠못과 자석은 멀리 떨어져 있는 데도 힘이 작용한다. 신기하다.

자력이 작용하는 것은 자기장이 있기 때문이다. 예를 들어, 그림 1의 균일한 자기장 속에 자석을 놓으면 N극과 S극은 같은 크기로 반대 방향의 힘을 받아 회전한다. 하지만 어느 한 방향으로만 움직이는 것은 아니다. 배에 전자석을 싣고 지구 자기장에서 받는 힘을 이용해 항해할 수 없는 것은 해상에서는 지구 자기장의 밀도가 균일하기 때문이다.

그림 1 일정한 자기장 안에 놓인 막대자석은 자기장의 방향으로 회전하지만, 좌우 방향의 힘이 같기에 자석은 어느 쪽으로도 움직이지 않음

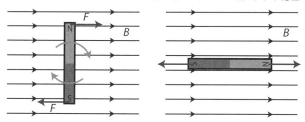

그런데 쇠못은 서로 끌어당기거나 밀어내지 않기 때문에 자석이 아닌 것처럼 보인다. 하지만 쇠못은 무수히 많은 미세한 막대자석이 서로 다른 방향으로 결합한 상태라고 볼 수 있다(그림 2). 쇠못을 강한 자석의 한쪽 극에 여러 번 문지르면 자석이 된다. 이는 미세 막대자석이 일정한 방향을 향하게 됨으로써 쇠못 전체에 자석의 성질이 나타난 것이다.

쇠못을 그림 1의 자기장에 넣으면 미세 막대자석의 방향이 일치해서 쇠못의 양 끝에 N극과 S극이 나타나 자기장의 힘을 받아 그림 1과 같이 회전

그림 2 쇠못은 작은 자석이 흩어져서 모여 있는 상태

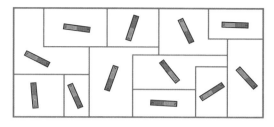

한다. 하지만 자기장이 약하면 자기장에서 빼내면 미세 막대자석은 원래의 상태로 돌아가고, 쇠못의 자극은 사라진다. 그렇다면 자석은 왜 쇠못을 끌어당기는 것일까? 그림 3은 큰 막대자석 주위에 생기는 자력선을 나타낸 것이다. 이 자기장 안에 쇠못을 놓으면 미세 막대자석의 방향이 같아져 양 끝에 N극과 S극이 나타난다. 이 N극과 S극은 힘을 받지만, 그 크기는 다르다. 각각의 위치에서 자력선의 밀도가 다르기 때문이다. 따라서 합력은 0이 아니다. 그래서 쇠못은 자력선의 밀도가 큰 방향, 즉 큰 막대자석의 자극 쪽으로 끌리게 된다.

그림 3 작은 막대자석은 자력선의 밀도가 커지는 방향으로 딸려 감

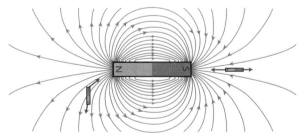

13

정전기를 방지하는 방법

정전기는 전기를 전달하지 않는 절연체 표면에 정지된 전하를 말한다. 두 물질이 접촉하거나 접촉하는 두 물질을 떼어내면 정전기가 발생하기 때문에 가정 내에서 정전기는 일상적으로 발생한다.

진공청소기를 돌리거나, 담요를 집어넣거나, 의자에서 일어나거나, 외투를 벗는 등의 동작으로 인체는 정전기를 띠게 된다. 파이프나 호스 속을 힘차게 흐르는 공기나 액체도 대전 된다.

◆대전열

두 물질을 문지를 때 대전이 일어나는 것은 물질의 구조에 따라 전자를 물질에 묶는 힘의 강도가 달라서 물질 간 전자의 이동이 일어나기 때문이다. 두 물질 중 어느 물질이 양전하를 띠고 어느 물질이 음전하를 띠는지는 정해져 있다. 양전하를 띠기 쉬운 순서대로 물질을 배열한 것을 대전열이라고 한다. 예를 들어보자,

양전하 ◀─────────

공기　인간의 손　유리　나일론 견직물　알루미늄　종이

고무　구리　폴리에틸렌　PVC　실리콘　테플론

─────────────▶ 음전하

이다. 같은 줄의 왼쪽은 양전하, 오른쪽은 음전하를 띠며, 위치가 멀어질수록 전하량이 증가한다. 예를 들어 유리 막대를 견직물로 문지르면 유리 막대는 양전하를 띠고 견직물은 음전하를 띤다.

금속도 대전 된다. 알루미늄 빈 깡통에 랩(PVC)을 감으면 랩은 음전하를

띠고 깡통은 양전하를 띠게 된다. 하지만 빈 깡통도 인체도 도체이기 때문에 빈 깡통을 손으로 잡으면 양전하가 손을 타고 빠져나간다. 하지만 금속과 같은 도체도 절연체 위에 올려놓은 상태라면 정전기를 띨 수 있다.

공기는 절연체지만 강하게 대전 된 물체에 사람 등 다른 물질이 접근하면 공기의 절연이 깨지고 대전 된 물체의 정전기가 이동하면서 '딱' 하는 소리와 함께 푸른빛을 띠는 방전이 발생한다.

◆정전기 방지 대책

가정 내 정전기는 건강에 해롭다. 인체의 정전기는 집 안의 먼지를 빨아들인다. 집안의 먼지에는 보통 알레르기의 원인이 되는 진드기 사체, 배설물, 곰팡이 등이 포함되어 있다.

도체에 정전기가 쌓이는 것을 방지하려면 전기를 전선으로 지구로 흘려보내는 접지가 효과적이다. 절연체 대책으로는 절연체에 탄소나 금속을 섞어 물질을 도체로 만드는 전도화를 활용하거나, 분자에 물에 잘 달라붙는 성분의 계면활성제를 함유한 정전기 방지 스프레이를 사용하거나, 가습기로 가습하는 방법이 있다. 가습 된 물체는 전기저항이 감소하기 때문에 정전기가 쉽게 빠져나간다(그림 1).

그림 1 가습기

14 인덕션의 원리

예로부터 인류는 요리를 위해 불을 사용해 왔다. 지금도 가스레인지에서는 불을 사용한다. 요리에는 가스레인지 외에도 전열기나 **인덕션**도 사용된다. 고온의 불꽃을 내뿜는 가스레인지나 전기히터가 고온이 되는 전열기와는 달리, 인덕션은 본체에 닿아도 뜨겁지 않다. 그런데도 냄비를 데울 수 있다. 왜일까?

◆ 코일이 중요

인덕션 안에는 소용돌이 모양의 코일이 들어 있다(그림 1). 이 코일에는 가정에 들어오는 교류전류를, 정류기를 통해 직류로 바꾸어 이를 인버터로 수만 헤르츠의 고주파로 만든 교류전류가 흐른다. 교류전류가 코일을 흐르면 자력선이 발생하고, 자력선의 개수와 전류의 세기와 방향의 변화와 함께 변화한다(그림 2).

그림 1 인덕션에는 코일이 들어 있음

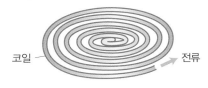

코일
전류

그림 2 원형 전류가 만드는 자기장의 방향은 오른나사의 법칙으로 결정

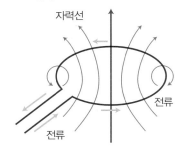

자력선

전류

전류

◆ 전자기유도

전선으로 고리를 만들어 양 끝에 알전구를 연결하고, 인덕션 위에 올려놓으면 알전구에 불이 들어온

다(그림 3). 전선의 고리를 관통하는 자력선의 개수가 시간에 따라 변화하면 변화하는 속도에 비례해 전선에 기전력이 발생한다는 전자기유도에 의해 전류가 흐르기 때문이다. 따라서 고리에 발생하는 기전력은 코일을 흐르는 고주파 전류의 전압과 주파수 각각에 비례한다.

인덕션 위에 전선 고리 대신 금속으로 만든 냄비를 올려놓으면 전자기유도에 의해 냄비 바닥에 소용돌이 모양의 전류가 흐르고, 냄비 바닥의 전기 저항으로 **줄열**(Joule′s heat)이 발생한다. 이 열로 냄비 안의 식재료가 끓는 것이다. 온도 조절은 코일에 흐르는 전류의 강도를 조절하는 방식으로 이루어진다. 전류가 흐르지 않는 뚝배기의 경우, 냄비 바닥에 금속 발열체를 붙인 인덕션용 뚝배기가 판매되고 있다.

그림 3 **인덕션 위에 알전구를 붙인 전선의 고리를 두면?**

마치며

헤어드라이어와 적당한 크기의 발포 스티로폼 공을 준비합시다. 그림 1처럼 공 아래쪽에서 드라이어를 켜면 공을 공중에 쉽게 띄울 수 있지요. 그렇다면 이 상태에서 그림 2처럼 천천히 헤어드라이어를 기울이면 어떻게 될까요?

공은 곧바로 낙하해 버릴까요? 만약 집에 헤어드라이어가 있다면 꼭 실험해 보기 바랍니다.

대부분 사람에게 결과는 예상 밖일 것입니다. 공은 아래쪽에서 비스듬히 바람을 받은 채로 공중에 멈춰 있습니다. 어떻게 이런 일이 가능할까요? 대체 공은 어떤 힘의 작용을 받는 것일까요?

그림 3처럼 공은 중력 W를 받습니다. 그런데 바람은 오른쪽 아래에서 비스듬히 불어오기 때문에 왼쪽 위를 향하는 힘 F를 받고 있을 테지요.

그림 3에 이들의 합력을 그려 보았습니다. 이것만으로는 공이 공중에 멈춰 있을 수 없습니다. 이 합력을 지우는 어떤 힘이 있기 때문에 공중에 멈춰 있는 것입니다. 그 힘을 X라고 합시다. X는 W와 F의 합력을 없애므로 그림

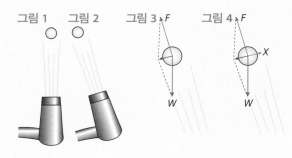

4와 같아질 것입니다. 그렇다면 힘 X는 무엇에서 받는 힘일까요?

물리는 현상을 이런 식으로 다룹니다. 만약 주변에서 일어나는 현상에 의문을 느꼈다면 우선 잘 관찰하고 가능하다면 실험을 합니다. 아마도 이 책을 집어 드신 분이라면 그런 호기심과 관찰력이 풍부한 분이리라 생각합니다. 그 단계에서 이미 물리의 세계로 들어가는 입구에 서 있는 셈이 되지요. 그리고 추론을 거듭하고 가설을 세워서 또 확인하기 위해 실험을 반복하고 그를 통해 자연계에서 생겨나는 현상을 이해해 나갑니다. 이것이 물리의 방식입니다.

이 책에서 다룬 71개의 주제에 대한 설명은 이러한 물리의 방식을 읽는 이가 즐길 수 있도록 최대한 애썼습니다.

힘의 정체에 관해서는 숙제로 남겨 두겠습니다(이 책을 이미 읽은 분은 4장을 참고로 해야겠다고 생각하고 있을 것입니다). 누가 뭐라 하든 스스로 찾아보고 스스로 생각하는 것이 가장 즐거운 법이니까요.

하라 야스오 · 우콘 슈지

《주요 참고 도서》

로겔기스트, 『신장판 物理の散歩道』, 岩波書店, 2009.

로겔기스트, 『신장판 続物理の散歩道』, 岩波書店, 2009.

로겔기스트, 『신장판 第三物理の散歩道』, 岩波書店, 2010.

로겔기스트, 『신장판 第四物理の散歩道』, 岩波書店, 2010.

로겔기스트, 『신장판 第五物理の散歩道』, 岩波書店, 2010.

江沢洋・東京物理サークル, 『物理なぜなぜ事典1』, 日本評論社, 2000.

勝木渥, 『物理が好きになる本』, 共立出版, 1982.

吉沢純夫, 『ダックスボイス』, http://www.hi-ho.ne.jp/touchme/Ch13/Helium/ducksvoice.pdf

하루 한 권, 일상 속 물리학

초판 인쇄 2024년 01월 31일
초판 발행 2024년 01월 31일

지은이 하라 야스오 · 우콘 슈지
그린이 이구치 치호
옮긴이 박제이
발행인 채종준

출판총괄 박능원
국제업무 채보라
책임편집 박민지 · 김민정
마케팅 조희진
전자책 정담자리

브랜드 드루
주소 경기도 파주시 회동길 230 (문발동)
투고문의 ksibook13@kstudy.com

발행처 한국학술정보(주)
출판신고 2003년 9월 25일 제 406-2003-000012호
인쇄 북토리

ISBN 979-11-6983-866-5 04400
     979-11-6983-178-9 (세트)

드루는 한국학술정보(주)의 지식 · 교양도서 출판 브랜드입니다.
세상의 모든 지식을 두루두루 모아 독자에게 내보인다는 뜻을 담았습니다.
지적인 호기심을 해결하고 생각에 깊이를 더할 수 있도록, 보다 가치 있는 책을 만들고자 합니다.